Testbuch
MATHEMATIK
3.–4. Klasse

mathematische Zeichnungen
zweiband.media, Berlin

Bildquellen
Stift S K Chavan/shutterstock.com – **S. 7** infjustice/shutterstock.com – **S. 25** Creativa Images/shutterstock.com –
S. 40, 58 graja/shutterstock.com – **S. 79** PhotoUG/shutterstock.com – **S. 97** yexelA/shutterstock.com –
S. 106 danielo/shutterstock.com – **S. 118** Billion Photos/shutterstock.com

www.schuelerhilfe.de

© 2018 ZGS Bildungs-GmbH, Ludwig-Erhard-Str. 2, 45891 Gelsenkirchen

Herausgeber: ZGS Bildungs-GmbH, Gelsenkirchen
Redaktionsleitung: ZGS Bildungs-GmbH, Gelsenkirchen
Layout: Maria Mandelkow, zweiband.media, Berlin
technische Umsetzung: zweiband.media, Berlin
Lektorat/Korrektorat: ZGS Bildungs-GmbH, Gelsenkirchen
Umschlaggestaltung: Trapps Team für Kommunikation GmbH, Hamburg
Umschlagabbildung: ZGS Bildungs-GmbH, Gelsenkirchen

Liebe Schülerin, lieber Schüler!

„Übung macht den Meister.“

Du kennst dieses Sprichwort. Beim ersten Mal Lesen sagst du „ja, das stimmt".

Doch dann kommen dir Zweifel: Üben kostet doch Zeit, ist anstrengend, und eigentlich weiß ich doch Besseres mit meiner Zeit anzufangen. Ja, auch das mag stimmen. Doch mit einem kleinen Trick kann das Üben sogar Spaß machen. Der Trick besteht erstens darin, in kleinen Portionen zu üben, und zweitens, dieses regelmäßig zu tun.

Im vorliegenden Testbuch haben deine Trainer diesen Trick eingebaut: Du findest pro Seite eine kleine Lernportion, die du bearbeitest – sehr überschaubar und frei nach dem Motto „In der Kürze liegt die Würze".

Für die richtigen Lösungswege kannst du dir Musteraufgaben auch online ansehen.

Suche dir einfach die für dich passendste Lernalternative aus – eine wirklich innovative Art des Lernens! Dabei sind die Tests überschaubar, vermitteln dir die Lerninhalte sehr anschaulich und motivieren dich zum Lernen.

Der wichtigste Vorteil ist, dass ein solches Lernen wenig Zeit beansprucht. Das Schülerhilfe-Testbuch eignet sich also ideal, mehrmals wöchentlich eine kleine Übungseinheit einzubauen. Du wirst sehen: Damit kommt Langeweile gar nicht erst auf, und du schaffst es ganz leicht mäßig, aber regelmäßig zu üben!

Wenn du zum Beispiel täglich nach den Hausaufgaben noch eine Seite aus dem Testbuch bearbeitest, ist das das ideale Zusatztraining, um deine Noten langfristig zu verbessern. Wichtig ist, dass du dich nicht überforderst! Ein Üben mit dem Testbuch nach dem Motto „mäßig, aber regelmäßig" frisst keine wertvolle Freizeit, und die Anstrengung hält sich auch in Grenzen. Denn Lernen soll schließlich Spaß machen!

Viel Spaß und Erfolg bei deinen Trainingseinheiten!

Prof. Dr. Ludwig Haag
Lehrstuhl für Schulpädagogik
Kulturwissenschaftliche Fakultät der Universität Bayreuth
Mitglied des Pädagogischen Beirats der Schülerhilfe Deutschland

Zur Arbeit mit diesem Buch

Dieses Testbuch ist die ideale **Übungsergänzung** zur **Lernhilfe** „Gute Noten mit der Schülerhilfe" Mathematik Klasse 3/4. Sie bietet dir über **250 Tests** im Buch & online zu genau deinen Mathe-Themen, die du gerade im Unterricht behandelst: hiermit kannst du dein Wissen festigen und dieses in zusätzlichen Übungen trainieren.

Dieses Übungsbuch ist eine Kombination aus Buch- und digitalen Lerninhalten, das ideal auf deine Schulinhalte abgestimmt ist.

Es bietet dir zusätzlich zur Lernhilfe:

- thematisch aufgebaute **Tests in 3 Schwierigkeitsstufen**
  Zeichenerklärung: ▮▮▯▯ = leicht, ▮▮▮▯ = mittel, ▮▮▮▮ = schwierig
- alle **Lösungen** zu allen Testaufgaben hinten im Anhang
- einen themenübergreifenden **Abschlusstest** am Ende des Buches
- viele **Musteraufgaben** online mit Erklärung des richtigen Lösungsweges

So arbeitest du am besten mit diesem Testbuch:

1. SCHRITT Beginne mit Test 1 im Testbuch und probiere alle Aufgaben selbstständig zu lösen.

2. SCHRITT Nachdem du den Test vollständig bearbeitet hast, bewerte nach den Lösungen im Anhang, wie viele Aufgaben du richtig gelöst hast und vergebe hierfür Punkte, die du in die Punktekästen auf jedem Testblatt eintragen kannst.

3. SCHRITT Hast du 80 % der Punkte eines Tests erreicht (Die genaue Anzahl der Punkte ist immer ganz unten auf jeder Testseite angegeben.), gehe weiter zum nächsten Test. Bei weniger erreichten Punkten wiederhole den Test noch einmal.

4. SCHRITT Bei Problemen mit den Aufgaben stehen dir zahlreiche Musteraufgaben zu vielen Aufgabentypen im Online-LernCenter zur Verfügung, die dir exemplarisch den richtigen Lösungsweg noch einmal erklären.

Wenn du alle Tests im Buch zu deinem Thema gelöst hast, findest du weitere **Übungsaufgaben, Lernvideos und Erklärungen** in digitaler Form im Online-Lerncenter der Schülerhilfe. Der **QR- und der Webcode** auf jeder Testseite führen dich direkt auf die richtige Seite im Online-Lerncenter.

Du hast hier 2 Möglichkeiten, so funktioniert es:

1. **Scanne den QR-Code,** den du auf deiner Testseite unten findest. Du wirst dann direkt zu deinem Thema in das Online-Lerncenter geleitet. Hier kannst du dann zusätzliche Aufgabenblätter zum Üben herunterladen, dir Lernvideos ansehen oder Erklärungen zum Thema nachlesen.

2. Gehe auf die Seite **www.schuelerhilfe.de/gute-noten** und gib dann den **4-stelligen Webcode,** den du unten auf deiner Testseite findest, in das vorgesehene Eingabefeld ein. Du wirst dann im Online-Lerncenter direkt zu deinem Thema weitergeleitet.

oder:
www.schuelerhilfe.de
/gute-noten
CODE 4591

Inhaltsverzeichnis

1 Grundrechenarten–Die Addition

1.1 Die Addition bis 100 **(Test 1–3)** 7

1.2 Die Addition bis 1000 **(Test 4–6)** 10

1.3 Die Addition bis 100 000 **(Test 7–9)** 13

1.4 Die schriftliche Addition **(Test 10–15)** 16

1.5 Die Addition in Sachaufgaben **(Test 16–18)** 22

2 Grundrechenarten–Die Subtraktion

2.1 Die Subtraktion bis 100 **(Test 19–21)** 25

2.2 Die Subtraktion bis 1000 **(Test 22–24)** 28

2.3 Die Subtraktion bis 100 000 **(Test 25–27)** 31

2.4 Die schriftliche Subtraktion **(Test 28–33)** 34

3 Grundrechenarten–Die Multiplikation

3.1 Das kleine Einmaleins **(Test 34–36)** 40

3.2 Das große Einmaleins **(Test 37–39)** 43

3.3 Multiplikation mit Zehnerzahlen **(Test 40–42)** 46

3.4 Umkehraufgaben **(Test 43–45)** 49

3.5 Die schriftliche Multiplikation **(Test 46–51)** 52

4 Grundrechenarten–Die Division

4.1 Die Division im Zahlenraum bis 100 **(Test 52–54)** 58

4.2 Division durch Zehnerzahlen **(Test 55–57)** 61

4.3 Umkehraufgaben **(Test 58–60)** 64

4.4 Die schriftliche Division **(Test 61–66)** 67

4.5 Die Division mit Rest bis 100 **(Test 67–72)** 73

5 Vorteilhaftes Rechnen

5.1 Punktrechnung vor Strichrechnung **(Test 73 –75)** 79

5.2 Addition und Subtraktion **(Test 76–81)** 82

5.3 Multiplikation und Division **(Test 82–87)** 88

5.4 Vermischte Aufgaben **(Test 88–90)** 94

Inhaltsverzeichnis

6   Runden

6.1   Runden auf Zehner **(Test 91–93)** 97
6.2   Runden auf Hunderter **(Test 94–96)** 100
6.3   Runden auf Tausender **(Test 97–99)** 103

7   Uhrzeiten

7.1   Zeiteinheiten umformen **(Test 100–102)** 106
7.2   Addieren und Subtrahieren von Uhrzeiten **(Test 103–108)** 109
7.3   Sachaufgaben zu Uhrzeiten **(Test 109–111)** 115

8   Abschlusstest

8.1   Abschlusstest bestehend aus 3 Seiten aus den Kapiteln 1–4 & 5.2/5.3 **(Test 112)** 118

9   Lösungen 121

Grundrechenarten – Addition

Test 1   Die Addition bis 100

Schwierigkeits-grad

A1   Berechne. Trenne die Zahlen zunächst in Zehner und Einer auf und verrechne diese jeweils zuerst miteinander.   6

a) $30 + 15 =$ _____ + _____ + _____ = _____ + _____ =

b) $21 + 8 =$ _____ + _____ + _____ = _____ + _____ =

c) $17 + 50 =$ _____ + _____ + _____ = _____ + _____ =

d) $80 + 16 =$ _____ + _____ + _____ = _____ + _____ =

e) $40 + 32 =$ _____ + _____ + _____ = _____ + _____ =

f) $78 + 20 =$ _____ + _____ + _____ = _____ + _____ =

A2   Ordne die Lösungen den richtigen Aufgaben zu, indem du den passenden Großbuchstaben in das Lösungsfeld schreibst.   6

A = 94   B = 69   C = 33   D = 100   E = 88   F = 84

a) $23 + 10 =$ _____

b) $64 + 30 =$ _____

c) $80 + 20 =$ _____

d) $10 + 74 =$ _____

e) $29 + 40 =$ _____

f) $48 + 40 =$ _____

A3   Welche Zahl fehlt? Trage die fehlende Zahl in den Platzhalter ein.   5

a) $19 +$ _____ $= 19$

b) $28 + 10 =$ _____

c) $5 + 15 =$ _____

d) $80 + 3 =$ _____

e)   _____ $+ 71 = 91$

oder:
www.schuelerhilfe.de
/gute-noten
CODE 4591

bearbeitet am _____   zu erreichende Punktzahl: 17   erreichte Punktzahl des Schülers _____

➡ Ab 14 erreichten Punkten kannst du zum nächsten Test übergehen.

Test 2 — Die Addition bis 100

Schwierigkeits-grad

A1 Berechne. Trenne die Zahlen zunächst in Zehner und Einer auf und verrechne diese jeweils zuerst miteinander.

6

a) $19 + 24 =$ .... + ... + ... + ... = ... + ... =

b) $77 + 21 =$ .... + ... + ... + ... = ... + ... =

c) $54 + 45 =$ .... + ... + ... + ... = ... + ... =

d) $69 + 14 =$ .... + ... + ... + ... = ... + ... =

e) $37 + 37 =$ .... + ... + ... + ... = ... + ... =

f) $42 + 25 =$ .... + ... + ... + ... = ... + ... =

A2 Berechne.

6

a) $12 + 20 + 11 =$ ....

b) $43 + 15 + 10 =$ ....

c) $61 + 14 +\ \ 5 =$ ....

d) $50 + 16 + 34 =$ ....

e) $25 + 25 + 25 =$ ....

f) $21 + 70 +\ \ 9 =$ ....

A3 Sind die Aufgaben richtig berechnet worden? Kreuze an!

4

a) $17 + 11 + 2 = 29$ ☐ richtig ☐ falsch

b) $34 + 40 + 5 = 79$ ☐ richtig ☐ falsch

c) $56 + 6 + 6 = 68$ ☐ richtig ☐ falsch

d) $72 + 8 + 12 = 94$ ☐ richtig ☐ falsch

oder:
www.schuelerhilfe.de
/gute-noten
CODE 4591

bearbeitet am ....   zu erreichende Punktzahl: 16   erreichte Punktzahl des Schülers ....

➡ Ab **13** erreichten Punkten kannst du zum nächsten Test übergehen.

Test 3 Die Addition bis 100

Schwierigkeits-grad

A1 **Stelle zu den Textaufgaben die Rechnungen auf und berechne diese dann.** | 3 |

a) Ferdinand schenkt seinen 3 Geschwistern je etwas zu Weihnachten. Seine Schwester Josephine bekommt einen Geschenkgutschein im Wert von 25 €, für seine beiden Brüder hat Ferdinand je 17 € ausgegeben. Wieviel bezahlt er insgesamt für die Geschenke seiner Geschwister?

Rechnung: _____ + _____ + _____ = _____

b) Michel rechnet die Fußlängen seiner Freunde und sich selbst zusammen. Seine Füße sind 28 cm lang. Sein Freund Markus hat 29 cm lange Füße und Matthias hat sogar 32 cm lange Füße. Wie lang ist die Strecke, die Michel und seine Freunde abdecken würden, wenn Michel die Längen aller linken Füße zusammenrechnet?

Rechnung: _____ + _____ + _____ = _____

c) Johanna möchte sich mit ihren Mitbewohnerinnen eine neue Mikrowelle kaufen. Jede der drei Mädchen steuert maximal 18 € bei. Wie teuer darf die Mikrowelle höchstens sein?

Rechnung: _____ + _____ + _____ = _____

A2 **Berechne im Kopf.** | 6 |

a) 19 + 81 = _____   c) 33 + 59 = _____   e) 67 + 24 = _____

b) 49 + 46 = _____   d) 17 + 18 = _____   f) 23 + 25 = _____

A3 **Sind die Lösungen richtig? Kreuze an und berichtige, wenn nötig.** | 6 |

a) 14 + 18 + 11 = 33   ☐ richtig ☐ falsch   Richtig: _____

b) 25 + 26 + 27 = 77   ☐ richtig ☐ falsch   Richtig: _____

c) 33 + 14 + 19 = 66   ☐ richtig ☐ falsch   Richtig: _____

d) 39 + 34 + 17 = 88   ☐ richtig ☐ falsch   Richtig: _____

e) 16 + 16 + 16 = 44   ☐ richtig ☐ falsch   Richtig: _____

f) 18 + 14 + 13 = 55   ☐ richtig ☐ falsch   Richtig: _____

oder:
www.schuelerhilfe.de
/gute-noten
CODE 4591

bearbeitet am _____   zu erreichende Punktzahl: 15   erreichte Punktzahl des Schülers _____

➡ Ab **12** erreichten Punkten kannst du zum nächsten Test übergehen.

Test **4**   Die Addition bis 1000

Schwierigkeits-
grad

A 1   **Berechne.**   5

a)   345 + 135 = ...

b)   189 + 234 = ...

c)   711 + 222 = ...

d)   155 + 222 = ...

e)   820 + 179 = ...

A 2   **Ergänze die Tabelle.**   15

+	200	50	400	300	420
300					
345					
420					

oder:
www.schuelerhilfe.de
/gute-noten
CODE   0417

bearbeitet am   zu erreichende Punktzahl: 20   erreichte Punktzahl des Schülers

➡ Ab **16** erreichten Punkten kannst du zum nächsten Test übergehen.

Test 5　Die Addition bis 1000

Schwierigkeits-
grad

A1　**Ergänze die Tabelle.**　　15

+	111	44	555	77	444
300					
345					
420					

A2　**Ergänze die Tabelle.**　　15

+	180	21	33	524	510
192					
425					
111					

A3　**Ergänze die Tabelle.**　　15

+	267	523	417	124	52
335					
95					
42					

oder:
www.schuelerhilfe.de
/gute-noten
CODE 0417

bearbeitet am　　　　zu erreichende Punktzahl: 45　　erreichte Punktzahl des Schülers

➡ Ab **36** erreichten Punkten kannst du zum nächsten Test übergehen.

Test **6**   Die Addition bis 1000

Schwierigkeits-grad

A1   Ergänze die Tabelle.   15

+	115	441	570	77	424
155					
257					
428					

A2   Ergänze die Tabelle.   15

+	195	216	234	462	21
180					
466					
133					

A3   Ergänze die Tabelle.   15

+	268	422	324	124	528
337					
160					
62					

oder:
www.schuelerhilfe.de
/gute-noten
CODE   0417

bearbeitet am   zu erreichende Punktzahl: 45   erreichte Punktzahl des Schülers

➡ Ab **36** erreichten Punkten kannst du zum nächsten Test übergehen.

Test 7 — Die schriftliche Addition

Schwierigkeits- grad

A1 Schreibe die Zahlen untereinander und addiere sie schriftlich. 4

a) 25 100 + 69 300 = ...

b) 45 900 + 12 500 = ...

c) 35 800 + 2400 = ...

d) 98 630 + 700 = ...

A2 Setze < ,> oder = ein. 4

a) 38 000 + 7000 .... 62 000 + 4000

b) 26 000 + 22 000 .... 24 000 + 24 000

c) 73 000 + 22 000 .... 86 000 + 2000

d) 34 000 + 4000 .... 22 000 + 200

A3 Verbinde die Aufgabe mithilfe eines Pfeils mit dem richtigen Ergebnis auf der rechten Seite. 4

a) 22 687 + 34 891 =   67 918

b) 45 963 +   1258 =   75 533

c) 54 973 + 12 945 =   57 578

d)   9821 + 65 712 =   47 221

oder:
www.schuelerhilfe.de
/gute-noten
CODE 7865

bearbeitet am ....   zu erreichende Punktzahl: 10   erreichte Punktzahl des Schülers ....

➡ Ab **8** erreichten Punkten kannst du zum nächsten Test übergehen.

Test 8   **Die Addition bis 100 000**

Schwierigkeits-
grad

A1   **Addiere schriftlich.**   4

a) 22 000 + 28 000 = ...

b) 34 000 + 9451 = ...

c) 77 530 + 4582 = ...

d) 46 521 + 8412 = ...

A2   **Setze <, > oder = ein.**   4

a) 22 000 + 5000 .... 24 000 + 3500

b) 80 000 + 9999 .... 89 000 + 999

c) 45 000 + 9000 .... 54 000 + 1000

d) 73 000 + 21 000 .... 86 000 + 2000

A3   **Verbinde die Aufgabe mithilfe eines Pfeils mit dem richtigen Ergebnis auf der rechten Seite.**   4

a) 45 721 + 1296 =

b) 45 698 + 40 321 =

c) 8932 + 75 612 =

d) 16 489 + 66 951 =

| 83 440 |
| 86 019 |
| 47 017 |
| 84 544 |

oder:
www.schuelerhilfe.de
/gute-noten
CODE   **7865**

bearbeitet am   zu erreichende Punktzahl: 11   erreichte Punktzahl des Schülers

➡ Ab 9 erreichten Punkten kannst du zum nächsten Test übergehen.

LE 1: Grundrechenarten – Addition

Test 9   Die Addition bis 100 000

Schwierigkeits-grad

A1 Schreibe die Beträge untereinander und addiere sie schriftlich.   4

a) 12 700 + 9821 + 36 500 = ...

b) 98 201 + 123 + 99 = ...

c) 38 970 + 4500 + 32 569 = ...

d) 78 200 + 8569 + 452 = ...

A2 Ergänze in den folgenden Schriftlichen Additionen die fehlenden Zahlen.   6

a)
```
    1 3 6 4
  +   3 9 8 2
  _____
          5
```

b)
```
        6 0 9
  + 1 9     5
  _____
    8 8 6 2
```

c)
```
        5   6
  + 1 2 9 4
  _____
      4   4 4
```

d)
```
    2 8   6 1
  +     7 6 5
  _____
    4   3   2
```

e)
```
    8       3
  +   1 8 0
  _____
      9 1 7 9
```

f)
```
    6   8 0 6
  + 2 4 5   4
  _____
      5   4
```

oder:
www.schuelerhilfe.de
/gute-noten
CODE   7865

bearbeitet am ....   zu erreichende Punktzahl: 9   erreichte Punktzahl des Schülers ....

➡ Ab 7 erreichten Punkten kannst du zum nächsten Test übergehen.

© ZGS Bildungs-GmbH   *Mathe 3/4* • 15

Test 10   Die schriftliche Addition

Schwierigkeits-
grad

A1   Löse die Aufgaben schriftlich.   5

a)		4	2
	+	1	5
	+	1	1
=			

b)		2	1
	+	4	3
	+	1	3
=			

c)		2	3
	+	1	4
	+	5	2
=			

d)		1	1
	+	2	4
	+	4	3
=			

e)		6	3
	+	2	0
	+	1	2
=			

A2   Löse die Aufgaben schriftlich.   2

a)   24 + 68 + 12 + 43 + 70 + 19 = ...

b)   61 + 87 + 34 + 98 + 19 + 42 = ...

A3   Löse die Aufgabe schriftlich.   3

a)		1	4	2
	+	5	3	6
	+	2	1	1
=				

b)		3	2	2
	+	1	1	3
	+	1	2	1
=				

c)		2	5	2
	+	4	2	1
	+	3	2	4
=				

oder:
www.schuelerhilfe.de
/gute-noten
CODE   3593

bearbeitet am [   ]   zu erreichende Punktzahl: 12   erreichte Punktzahl des Schülers [   ]

➡ Ab **10** erreichten Punkten kannst du zum nächsten Test übergehen.

Test 11 — Die schriftliche Addition

Schwierigkeitsgrad

A1 Löse die Aufgabe schriftlich.   4

a)
```
    2 4 1
  + 5 2 5
  + 1 1 2
  ───────
  =
```

b)
```
    1 0 3
  + 3 4 1
  + 2 1 5
  ───────
  =
```

c)
```
    2 1 4
  + 1 5 0
  + 1 3 2
  ───────
  =
```

d)
```
    4 2 5
  + 2 1 2
  + 3 1 0
  ───────
  =
```

A2 Fülle die Lücken mit den richtigen Zahlen.   3

a)
```
    4 2
  + 1   4
  +   3 1
  ───────
  = 7 9 8
```

b)
```
    2   1
  + 3 2
  +   1 6
  ───────
  = 5 4 9
```

c)
```
      0 4
  + 1   2
  + 3 2
  ───────
  = 9 9 7
```

A3 Kreuze die richtige Lösung an.   4

1) 147 + 419 + 253 + 830 =

    a) 1964 ☐
    b) 1649 ☐
    c) 1694 ☐
    d) 1469 ☐

2) 328 + 250 + 983 + 716 =

    a) 2727 ☐
    b) 7227 ☐
    c) 7272 ☐
    d) 2277 ☐

3) 513 + 246 + 117 + 389 =

    a) 1265 ☐
    b) 1562 ☐
    c) 1625 ☐
    d) 1526 ☐

4) 936 + 391 + 785 + 560 =

    a) 2267 ☐
    b) 2627 ☐
    c) 2726 ☐
    d) 2672 ☐

oder:
www.schuelerhilfe.de
/gute-noten
CODE 3593

bearbeitet am   zu erreichende Punktzahl: 12   erreichte Punktzahl des Schülers

➥ Ab **10** erreichten Punkten kannst du zum nächsten Test übergehen.

Test 12   Die schriftliche Addition

Schwierigkeits-grad ▪

A1   Löse die Aufgabe schriftlich.   4

a)
```
   3 4 1 9
 + 2 7 2 2
 + 6 1 8 4
 = _____
```

b)
```
   8 2 3 5
 + 5 6 9 2
 + 7 5 1 3
 = _____
```

c)
```
   3 5 1 7
 + 9 8 7 2
 + 1 5 2 8
 = _____
```

d)
```
   7 1 4 3
 + 8 2 0 9
 + 3 7 6 2
 = _____
```

A2   Löse die Aufgabe schriftlich.   3

a)
```
   5 2 6 9
 + 8 1 2 4
 + 3 3 9 1
 + 6 2 6 4
 + 4 1 3 7
 = _____
```

b)
```
   7 1 2 5
 + 1 2 6 3
 + 2 7 0 8
 + 5 3 8 5
 + 1 3 7 0
 = _____
```

c)
```
   6 1 8 1
 + 3 4 2 7
 + 2 2 1 5
 + 8 3 6 2
 + 3 9 0 3
 = _____
```

A3   Ergänze die fehlenden Zahlen.

a) $3510 + \underline{\hspace{2cm}} + 1945 = 12\,233$

b) $\underline{\hspace{2cm}} + 5092 + 6142 = 21\,068$

oder:
www.schuelerhilfe.de
/gute-noten
CODE   3593

bearbeitet am _____   zu erreichende Punktzahl: 10   erreichte Punktzahl des Schülers _____

➡ Ab 8 erreichten Punkten kannst du zum nächsten Test übergehen.

Schwierigkeits-
grad

A1 **Rechne schriftlich.** 20

a)
```
    1 6 4
  + 1 0 3
  _____
```

f)
```
      8 5
  +   9 2
  _____
```

k)
```
    8 0 1
  +   2 8
  _____
```

p)
```
    2 9 3
  + 4 0 2
  _____
```

b)
```
    3 0 2
  + 4 6 2
  _____
```

g)
```
      9 4
  +   3 7
  _____
```

l)
```
    1 2 8
  +     3
  _____
```

q)
```
    4 4 4
  + 4 4 4
  _____
```

c)
```
    2 1 5
  + 2 3 0
  _____
```

h)
```
    2 3 4
  +   5 5
  _____
```

m)
```
    2 0 2
  + 1 0 1
  _____
```

r)
```
    1 1 0
  + 6 6 1
  _____
```

d)
```
    3 9 4
  +   5 1
  _____
```

i)
```
    5 1 4
  +   3 0
  _____
```

n)
```
    2 2 2
  +   1 1
  _____
```

s)
```
    2 4 0
  +   5 1
  _____
```

e)
```
    2 7 3
  +   8 7
  _____
```

j)
```
      4 5
  + 1 3 0
  _____
```

o)
```
    3 9 3
  +   1 3
  _____
```

t)
```
    7 0 2
  + 2 1 6
  _____
```

A2 **Berechne folgende Sachaufgabe.** 1

Paula ist 148 cm groß. Lara ist 20 cm größer als Paula.
Frage: Wie groß ist Lara?

oder:
www.schuelerhilfe.de
/gute-noten
CODE **7865**

bearbeitet am   zu erreichende Punktzahl: **21**   erreichte Punktzahl des Schülers

➡ Ab **17** erreichten Punkten kannst du zum nächsten Test übergehen.

LE 1: Grundrechenarten – Addition

Test 14 — Die schriftliche Addition

Schwierigkeitsgrad

A1 Rechne schriftlich. 20

a)
```
  2 5 3
+ 2 1 2
```

f)
```
  1 3 2
+ 3 5 3
```

k)
```
  1 5 6
+ 1 4 6
```

p)
```
  7 3 5
+ 2 1 5
```

b)
```
  1 2 5
+ 4 7 3
```

g)
```
  3 5 3
+ 3 3 6
```

l)
```
  2 1 6
+ 1 3 2
```

q)
```
  4 3 9
+ 3 8 5
```

c)
```
  4 1 1
+ 2 3 1
```

h)
```
  3 4 2
+ 4 3 2
```

m)
```
  1 2 7
+ 4 5 7
```

r)
```
  1 6 2
+ 3 8 7
```

d)
```
  3 4 9
+ 2 4 3
```

i)
```
  3 2 5
+ 3 6 2
```

n)
```
  3 1 6
+ 2 3 9
```

s)
```
  5 4 1
+ 1 2 3
```

e)
```
  7 1 2
+ 2 4 1
```

j)
```
  4 3 2
+ 2 5 1
```

o)
```
  4 1 2
+ 1 4 8
```

t)
```
  1 4 8
+ 2 4 8
```

A2 Berechne folgende Sachaufgabe. 1

An einer Schule sind in der ersten Klasse 80 Schüler, in der zweiten Klasse 78 Schüler, in der dritten Klasse 65 Schüler und in der vierten Klasse 77 Schüler.
Frage: Wie viele Schüler gehen auf die Schule?

oder:
www.schuelerhilfe.de
/gute-noten
CODE 7865

bearbeitet am 　　　　　　zu erreichende Punktzahl: 21　　　　erreichte Punktzahl des Schülers

➡ Ab **17** erreichten Punkten kannst du zum nächsten Test übergehen.

Grundrechenarten – Subtraktion

Test 19 Die Subtraktion bis 100

Schwierigkeits-grad

A1 **Berechne.** 14

a) 20 – 10 = ...

b) 30 – 15 = ...

c) 33 – 11 = ...

d) 45 – 3 = ...

e) 21 – 5 = ...

f) 100 – 50 = ...

g) 90 – 13 = ...

h) 55 – 30 = ...

i) 70 – 25 = ...

j) 15 – 8 = ...

k) 8 – 3 = ...

l) 34 – 2 = ...

m) 89 – 34 = ...

n) 76 – 63 = ...

A2 **Ergänze die fehlenden Zahlen.** 6

a) 17 – .... = 7

b) 33 – .... = 15

c) 28 – .... = 17

d) 56 – .... = 35

e) 76 – .... = 30

f) 45 – .... = 4

A3 **Berechne.** 8

a) 84 – 12 = ...

b) 77 – 11 = ...

c) 13 – 2 = ...

d) 56 – 9 = ...

e) 48 – 7 = ...

f) 92 – 45 = ...

g) 69 – 37 = ...

h) 27 – 12 = ...

oder:
www.schuelerhilfe.de
/gute-noten
CODE 2830

bearbeitet am .... zu erreichende Punktzahl 28 erreichte Punktzahl des Schülers ....

➡ Ab 22 erreichten Punkten kannst du zum nächsten Test übergehen.

Test 20 **Die Subtraktion bis 100**

Schwierigkeits-grad

A1 **Löse folgende Aufgaben.** 8

a) 60 – 30 – 20 = ...

b) 66 – 11 – 5 = ...

c) 89 – 12 – 33 = ...

d) 54 – 5 – 17 = ...

e) 74 – 3 – 45 = ...

f) 45 – 15 – 10 = ...

g) 34 – 5 – 7 = ...

h) 88 – 11 – 11 = ...

A2 **Ergänze die fehlenden Zahlen.** 6

a) 17 – .... – 7 = 7

b) 33 – .... – 3 = 15

c) 28 – .... – 9 = 17

d) 56 – .... – 12 = 35

e) 76 – .... – 30 = 30

f) 45 – .... – 23 = 4

A3 **Löse folgende Aufgaben.** 5

a) Ein Bauer hat 20 Kartoffeln und verkauft 15 davon. Wie viele Kartoffeln hat er noch?

Antwort: ....

b) Ein Bauer hat 100 Kühe auf der Weide stehen. 33 verkauft er an einen anderen Bauern. Wie viele Kühe hat er dann noch?

Antwort: ....

c) Ein Bauer besitzt 5 Rasenmäher und 76 Liter Benzin. Er hilft einem anderen Bauern indem er ihm 22 Liter Benzin schenkt. Wie viel Benzin hat er noch?

Antwort: ....

d) Ein Maler besitzt 35 Eimer Farbe und verbraucht 17 Eimer. Wie viele Eimer Farbe hat er noch?

Antwort: ....

e) Ein Maler hat 12 Angestellte. Es melden sich 6 krank. Wie viele Angestellte erscheinen auf der Arbeit?

Antwort: ....

oder:
www.schuelerhilfe.de
/gute-noten
CODE 2830

bearbeitet am .... zu erreichende Punktzahl: 19 erreichte Punktzahl des Schülers ....

➡ Ab **15** erreichten Punkten kannst du zum nächsten Test übergehen.

Test 23 **Die Subtraktion bis 1000**

Schwierigkeits-
grad

A1 **Berechne.**

a) 360 – 230 – 120 = ...

b) 366 – 121 – 45 = ...

c) 829 – 512 – 233 = ...

d) 354 – 153 – 17 = ...

e) 744 – 233 – 145 = ...

f) 435 – 125 – 170 = ...

g) 834 – 35 – 447 = ...

h) 828 – 161 – 611 = ...

A2 **Ergänze die fehlenden Zahlen.**

a) 127 – .... – 72 = 7

b) 363 – .... – 283 = 40

c) 328 – .... – 259 = 17

d) 516 – .... – 123 = 35

e) 376 – .... – 230 = 30

f) 545 – .... – 423 = 4

A3 **Löse folgende Aufgaben.** 5

a) Ein Bauer hat 450 Kartoffeln und verkauft 125 davon. Wie viele Kartoffeln hat er noch?

Antwort: ....

b) Ein Bauer hat 635 Kühe auf der Wiese stehen. 362 verkauft er an einen anderen Bauern.
Wie viele Kühe hat er dann noch?

Antwort: ....

c) Ein Bauer besitzt 5 Rasenmäher und 746 Liter Benzin. Er hilft einem anderen Bauern indem er
ihm 522 Liter Benzin schenkt. Wie viel Benzin hat er noch?

Antwort: ....

d) Ein Maler besitzt 325 Eimer Farbe und verbraucht 167 Eimer. Wie viele Eimer Farbe hat er
noch?

Antwort: ....

e) Ein Maler hat 132 Angestellte. Es melden sich 61 krank.
Wie viele Angestellte erscheinen auf der Arbeit?

Antwort: ....

oder:
www.schuelerhilfe.de
/gute-noten
CODE **1449**

bearbeitet am zu erreichende Punktzahl: 19 erreichte Punktzahl des Schülers

➡ Ab 15 erreichten Punkten kannst du zum nächsten Test übergehen.

© ZGS Bildungs-GmbH *Mathe 3/4* ▪ 29

Test 24 — Die Subtraktion bis 1000

Schwierigkeits-
grad

A1 Berechne.   8

a) $361 - 212 - 123 - 4 =$ _____

b) $366 - 25 - 213 - 70 =$ _____

c) $839 - 233 - 312 - 217 =$ _____

d) $924 - 548 - 190 - 10 =$ _____

e) $734 - 415 - 70 - 123 =$ _____

f) $525 - 133 - 140 - 212 =$ _____

g) $344 - 8 - 74 - 124 =$ _____

h) $868 - 185 - 147 - 244 =$ _____

A2 Ergänze die fehlenden Zahlen.   6

a) $587 -$ _____ $- 33 - 434 = 70$

b) $333 - 223 - 17 -$ _____ $= 10$

c) _____ $- 125 - 439 - 123 = 127$

d) $536 -$ _____ $- 132 - 244 = 35$

e) $736 - 304 - 174 -$ _____ $= 30$

f) $845 -$ _____ $- 619 - 121 = 4$

A3 Löse folgende Aufgaben.   5

a) Ein Bauer hat 345 Kartoffeln und verkauft 115 davon. Am nächsten Tag verkauft er 7 Weitere und 70 können aufgrund von Schimmel nicht verkauft werden. Wie viele Kartoffeln hat er noch?

Antwort: _____

b) Ein Bauer hat 340 Kühe auf der Wiese stehen. 213 verkauft er an Bauer Wilhelm und 25 an Bauer Georg. 5 Kühe sterben. Wie viele Kühe hat er dann noch?

Antwort: _____

c) Ein Bauer besitzt 5 Rasenmäher und 736 Liter Benzin. Er hilft einem anderen Bauern indem er ihm 232 Liter Benzin schenkt. 500 Liter Bezin verbraucht er selber. Wie viel Benzin hat er noch?

Antwort: _____

d) Ein Maler besitzt 345 Eimer Farbe und verbraucht 121 Eimer. 3 Eimer kippt er aus Versehen um. Wie viele Eimer Farbe hat er noch?

Antwort: _____

e) Ein Maler hat 112 Angestellte. Es melden sich 16 krank und 5 Weitere haben Urlaub. Wie viele Angestellte erscheinen auf der Arbeit?

Antwort: _____

oder:
www.schuelerhilfe.de
/gute-noten
CODE   1449

bearbeitet am _____   zu erreichende Punktzahl: 19   erreichte Punktzahl des Schülers _____

➤ Ab **15** erreichten Punkten kannst du zum nächsten Test übergehen.

Test 25   Die Subtraktion bis 100 000

Schwierigkeits-grad

A1   **Berechne.**   7

a) 25 000 – 15 000 = ...

b) 14 700 – 135 = ...

c)   3450 – 150 = ...

d) 45 333 – 333 = ...

e) 21 137 – 13 432 = ...

f) 99 370 – 45 000 = ...

g) 12 954 – 3398 = ...

A2   **Ergänze die fehlenden Zahlen.**   6

a)   1400 – .... = 148

b) 33 732 – .... = 33 000

c) 100 000 – .... = 74 050

d) 52 336 – .... = 355

e) 72 236 – .... = 30 125

f) 34 534 – .... = 2247

A3   **Berechne.**

a) 10 824 – 132 = ...

b) 90 767 – 13 134 = ...

c) 12 233 – 10 822 = ...

d) 82 536 – 3290 = ...

e) 47 568 – 32 370 = ...

f) 92 452 – 46 567 = ...

g) 61 342 – 37 346 = ...

h)   4227 – 4226 = ...

oder:
www.schuelerhilfe.de
/gute-noten
CODE   3423

bearbeitet am ....   zu erreichende Punktzahl: **21**   erreichte Punktzahl des Schülers

➡ Ab **16** erreichten Punkten kannst du zum nächsten Test übergehen.

LE 2: Grundrechenarten – Subtraktion

Test 26 — Die Subtraktion bis 100 000

A1 Berechne.

a) 30 360 – 20 230 – 5120 = ...

b) 90 366 – 12 221 – 20 145 = ...

c) 82 900 – 13 512 – 60 200 = ...

d) 13 354 – 1353 – 10 732 = ...

e) 70 440 – 54 233 – 1945 = ...

f) 23 435 – 4125 – 310 = ...

g) 67 834 – 35 001 – 17 447 = ...

h) 82 328 – 1061 – 77 611 = ...

A2 Ergänze die fehlenden Zahlen. 6

a) 14 527 – .... – 7232 = 3000

b) 33 263 – .... – 20 830 = 40

c) 33 428 – .... – 9259 = 17 314

d) 58 416 – .... – 12 223 = 35 645

e) 37 609 – .... – 230 = 30

f) 53 445 – .... – 41 323 = 4450

A3 Löse folgende Aufgaben. 5

a) Ein Bauer hat 27 389 Kartoffeln und verkauft 12 500 davon. Wie viele Kartoffeln hat er noch?

Antwort: ....

b) Ein Bauer hat 62 335 Kühe auf der Wiese stehen. 3620 verkauft er an einen anderen Bauern. Wie viele Kühe hat er dann noch?

Antwort: ....

c) Ein Bauer besitzt 5 Rasenmäher und 70 461 Liter Benzin. Er hilft einem anderen Bauern indem er ihm 52 002 Liter Benzin schenkt. Wie viel Benzin hat er noch?

Antwort: ....

d) Ein Maler besitzt 32 325 Eimer Farbe und verbraucht 16 237 Eimer. Wie viele Eimer Farbe hat er noch?

Antwort: ....

e) Ein Maler hat 2362 Angestellte. Es melden sich 261 krank. Wie viele Angestellte erscheinen auf der Arbeit?

Antwort: ....

oder:
www.schuelerhilfe.de
/gute-noten
CODE 3423

bearbeitet am .... zu erreichende Punktzahl: **19** erreichte Punktzahl des Schülers ....

➥ Ab **15** erreichten Punkten kannst du zum nächsten Test übergehen.

Test **27** — Die Subtraktion bis 100 000

Schwierigkeits-grad

A1 **Berechne.**   8

a) 3610 – 2012 – 1230 – 301 = _____

b) 32 366 – 25 – 2013 – 15 700 = _____

c) 85 639 – 233 – 3012 – 80 217 = _____

d) 97 824 – 5498 – 190 – 10 = _____

e) 73 344 – 41 215 – 70 – 1223 = _____

f) 52 325 – 133 – 1240 – 912 = _____

g) 34 234 – 8 – 982 – 12 124 = _____

h) 86 328 – 12 385 – 147 – 60 244 = _____

A2 **Ergänze die fehlenden Zahlen.**   6

a) 58 087 – _____ – 3233 – 434 = 7000

b) 73 233 – 24 623 – 17 – _____ = 20 000

c) _____ – 52 325 – 439 – 10 023 = 127

d) 53 566 – _____ – 5132 – 45 244 = 35

e) 7436 – 3004 – 174 – _____ = 30

f) 80 845 – _____ – 61 239 – 9221 = 4

A3 **Löse folgende Aufgaben.**   5

a) Ein Bauer hat 34 705 Kartoffeln und verkauft 1315 davon. Am nächsten Tag verkauft er 745 Weitere und 7230 können aufgrund von Schimmel nicht verkauft werden.
Wie viele Kartoffeln hat er noch?

Antwort: _____

b) Ein Bauer hat 32 340 Kühe auf der Wiese stehen. 13 113 verkauft er an Bauer Wilhelm und 255 an Bauer Georg. 5 Kühe sterben. Wie viele Kühe hat er dann noch?

Antwort: _____

c) Ein Bauer besitzt 5 Rasenmäher und 73 876 Liter Benzin. Er hilft einem anderen Bauern indem er ihm 23 562 Liter Benzin schenkt. 500 Liter Bezin verbraucht er selber. Wie viel Benzin hat er noch?

Antwort: _____

d) Ein Maler besitzt 37 445 Eimer Farbe und verbraucht 121 Eimer. 15 Eimer kippt er aus Versehen um. Wie viele Eimer Farbe hat er noch?

Antwort: _____

e) Ein Maler hat 100 000 Angestellte. Es melden sich 635 krank und 534 Weitere haben Urlaub. Wie viele Angestellte erscheinen auf der Arbeit?

Antwort: _____

oder:
www.schuelerhilfe.de
/gute-noten
CODE   3423

bearbeitet am _____   zu erreichende Punktzahl: 19   erreichte Punktzahl des Schülers _____

➡ Ab **15** erreichten Punkten kannst du zum nächsten Test übergehen.

© ZGS Bildungs-GmbH   *Mathe 3/4* ▪ 33

Test 28   Die schriftliche Subtraktion

Schwierigkeits-
grad

A1   Berechne schriftlich.   18

a)
```
    1 5
  -   3
  _____
```

f)
```
    7 3 0
  -   5 0
  _____
```

k)
```
    5 6 1
  - 2 8 9
  _____
```

p)
```
    9 9 9
  - 4 9 0
  - 1 3 2
  _____
```

b)
```
    3 6
  -   8
  _____
```

g)
```
    5 3 8
  -     7
  _____
```

l)
```
    3 4 0
  - 1 1 8
  _____
```

q)
```
    3 6 8
  - 3 4 2
  -     4
  _____
```

c)
```
    4 4
  - 1 1
  _____
```

h)
```
    6 6 0
  - 3 7 2
  _____
```

m)
```
    3 5 7
  - 2 1 3
  -   2 1
  _____
```

r)
```
    8 0 8
  - 1 2 9
  -   2 0
  _____
```

d)
```
    3 2 5
  - 2 1 3
  _____
```

i)
```
    3 0 0
  - 1 2 9
  _____
```

n)
```
    3 1 7
  - 0 2 9
  - 1 0 0
  _____
```

e)
```
    3 1 7
  - 1 3 4
  _____
```

j)
```
    0 5 1
  -   2 0
  _____
```

o)
```
    2 3 1
  -   5 1
  -     6
  _____
```

oder:
www.schuelerhilfe.de
/gute-noten
CODE   2650

bearbeitet am   zu erreichende Punktzahl: 18   erreichte Punktzahl des Schülers

➡ Ab **14** erreichten Punkten kannst du zum nächsten Test übergehen.

Test **37**   Das große Einmaleins

Schwierigkeits-
grad

A1 **Berechne.**   10

a) $10 \cdot 12 =$ ....

b) $11 \cdot 11 =$ ....

c) $6 \cdot 13 =$ ....

d) $3 \cdot 17 =$ ....

e) $9 \cdot 14 =$ ....

f) $16 \cdot 3 =$ ....

g) $19 \cdot 4 =$ ....

h) $6 \cdot 15 =$ ....

i) $19 \cdot 2 =$ ....

j) $12 \cdot 8 =$ ....

A2 **Berechne.**   10

a) $17 \cdot 4 =$ ....

b) $19 \cdot 5 =$ ....

c) $14 \cdot 7 =$ ....

d) $13 \cdot 9 =$ ....

e) $8 \cdot 17 =$ ....

f) $17 \cdot 7 =$ ....

g) $16 \cdot 4 =$ ....

h) $14 \cdot 6 =$ ....

i) $16 \cdot 3 =$ ....

j) $17 \cdot 5 =$ ....

oder:
www.schuelerhilfe.de
/gute-noten
CODE   9028

bearbeitet am   zu erreichende Punktzahl: 20   erreichte Punktzahl des Schülers

➥ Ab **16** erreichten Punkten kannst du zum nächsten Test übergehen.

Test **38** Das große Einmaleins

Schwierigkeits-
grad

A1 **Berechne.** 10

a) $12 \cdot 16 =$ ....

b) $14 \cdot 13 =$ ....

c) $6 \cdot 13 =$ ....

d) $9 \cdot 14 =$ ....

e) $13 \cdot 17 =$ ....

f) $4 \cdot 19 =$ ....

g) $12 \cdot 8 =$ ....

h) $17 \cdot 4 =$ ....

i) $14 \cdot 16 =$ ....

j) $19 \cdot 5 =$ ....

A2 **Berechne.** 10

a) $13 \cdot 9 =$ ....

b) $16 \cdot 19 =$ ....

c) $8 \cdot 17 =$ ....

d) $14 \cdot 6 =$ ....

e) $15 \cdot 12 =$ ....

f) $13 \cdot 8 =$ ....

g) $18 \cdot 16 =$ ....

h) $17 \cdot 19 =$ ....

i) $15 \cdot 17 =$ ....

j) $16 \cdot 9 =$ ....

oder:
www.schuelerhilfe.de
/gute-noten
CODE 9028

bearbeitet am   zu erreichende Punktzahl: 20   erreichte Punktzahl des Schülers

➡ Ab **16** erreichten Punkten kannst du zum nächsten Test übergehen.

Test 39   Das große Einmaleins

Schwierigkeits-
grad

A1   **Berechne.**   10

a) 17 · 16 = ...

b) 19 · 14 = ...

c) 12 · 16 = ...

d) 16 · 15 = ...

e) 18 · 12 = ...

f) 14 · 15 = ...

g) 13 · 17 = ...

h) 14 · 16 = ...

i) 16 · 19 = ...

j) 14 · 14 = ...

A2   **Berechne.**   10

a) 12 · 17 = ...

b) 15 · 12 = ...

c) 18 · 18 = ...

d) 16 · 19 = ...

e) 13 · 14 = ...

f) 18 · 16 = ...

g) 17 · 19 = ...

h) 20 · 19 = ...

i) 17 · 17 = ...

j) 15 · 17 = ...

oder:
www.schuelerhilfe.de
/gute-noten
CODE   **9028**

bearbeitet am ....   zu erreichende Punktzahl: 20   erreichte Punktzahl des Schülers ....

➡ Ab **16** erreichten Punkten kannst du zum nächsten Test übergehen.

Test 40 Multiplikation mit Zehnerzahlen

Schwierigkeits-
grad

A1 Berechne im Kopf.
10

a) 3 · 10 = ...

b) 6 · 10 = ...

c) 4 · 20 = ...

d) 30 · 2 = ...

e) 20 · 6 = ...

f) 10 · 8 = ...

g) 40 · 2 = ...

h) 2 · 50 = ...

i) 3 · 30 = ...

j) 4 · 20 = ...

A2 **Ein Autohersteller stellt jede Stunde zwei Autos her.**
Ein Arbeitstag ist zehn Stunden lang.
2

a) Wie viele Autos stellt die Firma jeden Tag her?

....

b) Wie viele Autos stellt die Firma in einem Monat her, wenn 20 Tage im Monat gearbeitet wird?

....

A3 **In einem Brettspiel haben Chips ohne Motiv einen Wert von 1 Punkt und**
Chips mit einem Kreuz einen Wert von 10 Punkten. Wie viele Punkte hat der Spieler?
2

....

oder:
www.schuelerhilfe.de
/gute-noten
CODE 4829

bearbeitet am _____   zu erreichende Punktzahl: 14   erreichte Punktzahl des Schülers _____

➡ Ab **11** erreichten Punkten kannst du zum nächsten Test übergehen.

Test **41**   Multiplikation mit Zehnerzahlen

Schwierigkeits-
grad

A1   Berechne im Kopf.

10

a) $8 \cdot 30 =$ ....

b) $9 \cdot 20 =$ ....

c) $5 \cdot 40 =$ ....

d) $60 \cdot 3 =$ ....

e) $70 \cdot 5 =$ ....

f) $70 \cdot 9 =$ ....

g) $40 \cdot 7 =$ ....

h) $8 \cdot 40 =$ ....

i) $12 \cdot 10 =$ ....

j) $10 \cdot 50 =$ ....

A2   Der Eintritt für ein Theaterstück kostet 10 €, der Saal hat Platz für 250 Personen.

2

a) Wie viel Geld nehmen die Veranstalter ein, wenn der Saal ausgebucht ist?

....

b) Wie viel Geld nehmen die Veranstalter ein, wenn das Theaterstück 30-mal aufgeführt wird
und jede Veranstaltung ausgebucht ist?

....

A3   In einem Brettspiel haben Chips ohne Motiv einen Wert von 1 Punkt und
Chips mit einem Kreuz einen Wert von 10 Punkten. Chips mit einem Dreieck
haben einen Wert von 100 Punkten. Wie viele Punkte hat der Spieler?

2

....

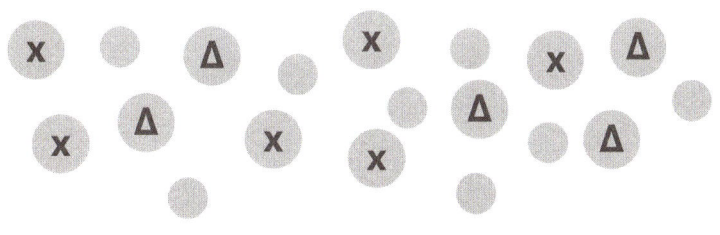

oder:
www.schuelerhilfe.de
/gute-noten
CODE   4829

bearbeitet am ....   zu erreichende Punktzahl: 14   erreichte Punktzahl des Schülers ....

➡ Ab 11 erreichten Punkten kannst du zum nächsten Test übergehen.

Test 42 — Multiplikation mit Zehnerzahlen

Schwierigkeits-
grad

A1 **Berechne im Kopf.** 10

a) $14 \cdot 20 =$ ....

b) $13 \cdot 30 =$ ....

c) $15 \cdot 20 =$ ....

d) $20 \cdot 20 =$ ....

e) $30 \cdot 16 =$ ....

f) $50 \cdot 17 =$ ....

g) $100 \cdot 22 =$ ....

h) $20 \cdot 30 =$ ....

i) $12 \cdot 60 =$ ....

j) $16 \cdot 40 =$ ....

A2 **Eine Übernachtung in einem Luxushotel kostet 200 €.** 2
Das Frühstück kostet jeweils zusätzlich 10 €.

a) Was kosten 15 Übernachtungen in dem Hotel inklusive Frühstück.

....

b) Das Hotel hat insgesamt 100 Zimmer. Wie viel Geld kann das Hotel an einem Tag maximal
einnehmen, wenn auch alle Gäste Frühstück buchen?

....

A3 **In einem Brettspiel haben Chips ohne Motiv einen Wert von 1 Punkt und** 2
Chips mit einem Kreuz einen Wert von 10 Punkten. Chips mit einem Dreieck haben
einen Wert von 100 Punkten. Wie viele Punkte hat der Spieler?

....

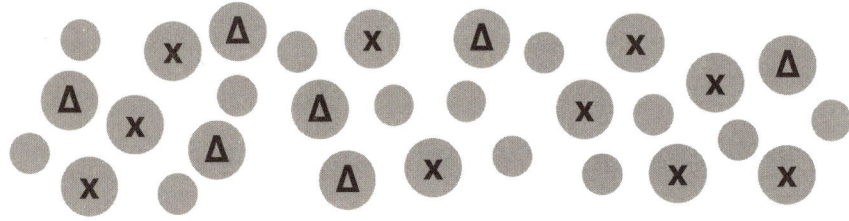

oder:
www.schuelerhilfe.de
/gute-noten
CODE 4829

bearbeitet am	zu erreichende Punktzahl: 14	erreichte Punktzahl des Schülers

➡ Ab **11** erreichten Punkten kannst du zum nächsten Test übergehen.

Test 43   Umkehraufgaben

Schwierigkeits-grad

A1   Ordne die richtigen Lösungen aus der Tabelle den Aufgaben zu und erstelle dann zu jeder Aufgabe noch eine Umkehraufgabe.

16

Beispiel

$2 \cdot 8 = 16 \Rightarrow 16 : 8 = 2$

35	28	40	12	12	15	36	63

a) $3 \cdot 5 = $ ....

b) $4 \cdot 7 = $ ....

c) $6 \cdot 2 = $ ....

d) $9 \cdot 4 = $ ....

e) $5 \cdot 7 = $ ....

f) $3 \cdot 4 = $ ....

g) $5 \cdot 8 = $ ....

h) $7 \cdot 9 = $ ....

A2   Hoppla, bei diesen Aufgaben wurde eine Zahl gestohlen.
Ergänze die fehlende Zahl mit Hilfe der danebenstehenden Umkehraufgabe.

4

a)   .... $\cdot 5 = 30$ ➡ $30 : 5 = $ ....

b)   .... $\cdot 4 = 28$ ➡ $28 : 4 = $ ....

c)   .... $\cdot 3 = 15$ ➡ $15 : 3 = $ ....

d)   .... $\cdot 6 = 42$ ➡ $42 : 6 = $ ....

oder:
www.schuelerhilfe.de
/gute-noten
CODE   3111

bearbeitet am ....   zu erreichende Punktzahl: 20   erreichte Punktzahl des Schülers ....

➡ Ab **16** erreichten Punkten kannst du zum nächsten Test übergehen.

Test 44   Umkehraufgaben

Schwierigkeits-
grad

A1   Löse die Aufgaben und bilde zu jeder Aufgabe die Umkehraufgabe. | 16 |

Beispiel

$2 \cdot 8 = 16$ ➡ $16 : 8 = 2$

a) $9 \cdot 7 =$ ....

b) $10 \cdot 8 =$ ....

c) $12 \cdot 3 =$ ....

d) $17 \cdot 4 =$ ....

e) $5 \cdot 18 =$ ....

f) $19 \cdot 3 =$ ....

g) $5 \cdot 16 =$ ....

h) $2 \cdot 21 =$ ....

A2   Trage den gesuchten Faktor mit Hilfe der Zahlen aus der Tabelle ein. | 4 |
Aber Vorsicht, 2 Zahlen gehören nicht zu den Aufgaben.

3	12	6	4	5	7

a) .... $\cdot$ $5 = 60$

b) .... $\cdot$ $8 = 32$

c) .... $\cdot 13 = 39$

d) .... $\cdot 15 = 75$

oder:
www.schuelerhilfe.de
/gute-noten
CODE   3111

bearbeitet am   zu erreichende Punktzahl: 20   erreichte Punktzahl des Schülers

➡ Ab **16** erreichten Punkten kannst du zum nächsten Test übergehen.

Test 45 — Umkehraufgaben

Schwierigkeits-
grad

A1 — Löse die Aufgaben und bilde zu jeder Aufgabe die Umkehraufgabe. | 16

Beispiel

$2 \cdot 8 = 16 \rightarrow 16 : 8 = 2$

a) $15 \cdot 7 =$ ....

b) $14 \cdot 8 =$ ....

c) $14 \cdot 13 =$ ....

d) $17 \cdot 14 =$ ....

e) $15 \cdot 17 =$ ....

f) $19 \cdot 20 =$ ....

g) $7 \cdot 19 =$ ....

h) $10 \cdot 21 =$ ....

A2 — Trage den gesuchten Faktor ein. | 4

a) .... $\cdot 15 = 255$

b) .... $\cdot \ 9 = 153$

c) .... $\cdot 23 = 391$

d) .... $\cdot 19 = 399$

oder:
www.schuelerhilfe.de
/gute-noten
CODE 3111

bearbeitet am .... zu erreichende Punktzahl: 20 erreichte Punktzahl des Schülers ....

➡ Ab **16** erreichten Punkten kannst du zum nächsten Test übergehen.

Test **46** Die schriftliche Multiplikation

Schwierigkeits-grad

A1 Kreuze die richtige Antwort an. **4**

1) 3 · 59 =

   a) ☐ 169

   b) ☐ 203

   c) ☐ 177

   d) ☐ 166

3) 5 · 27 =

   a) ☐ 110

   b) ☐ 135

   c) ☐ 140

   d) ☐ 155

2) 2 · 41 =

   a) ☐ 102

   b) ☐ 82

   c) ☐ 79

   d) ☐ 98

4) 8 · 65 =

   a) ☐ 520

   b) ☐ 480

   c) ☐ 465

   d) ☐ 505

A2 Löse die Aufgabe schriftlich. **4**

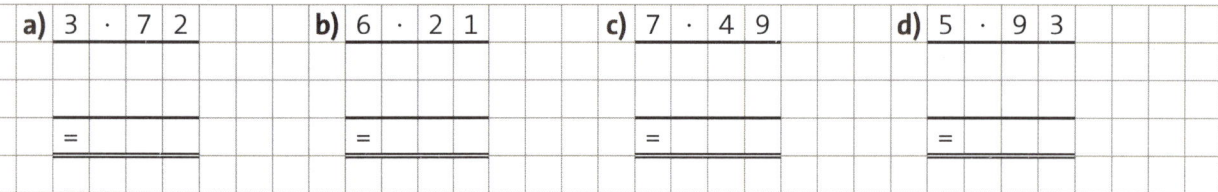

a) 3 · 72   b) 6 · 21   c) 7 · 49   d) 5 · 93

A3 Löse die Aufgabe schriftlich. **3**

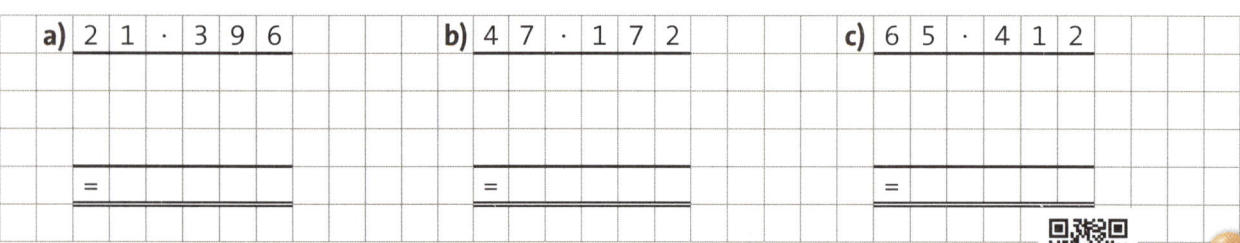

a) 21 · 396   b) 47 · 172   c) 65 · 412

oder:
www.schuelerhilfe.de
/gute-noten
CODE 5576

bearbeitet am   zu erreichende Punktzahl: **11**   erreichte Punktzahl des Schülers

➠ Ab **9** erreichten Punkten kannst du zum nächsten Test übergehen.

Test 47 Die schriftliche Multiplikation

Schwierigkeits-
grad

A1 Ordne die Antworten den Aufgaben zu.

6

a) 58 · 492 = ... | 5967

b) 17 · 351 = ... | 5434

c) 25 · 934 = ... | 23 350

d) 93 · 215 = ... | 28 536

e) 74 · 559 = ... | 41 366

f) 13 · 418 = ... | 19 995

A2 Löse die Aufgabe schriftlich.

3

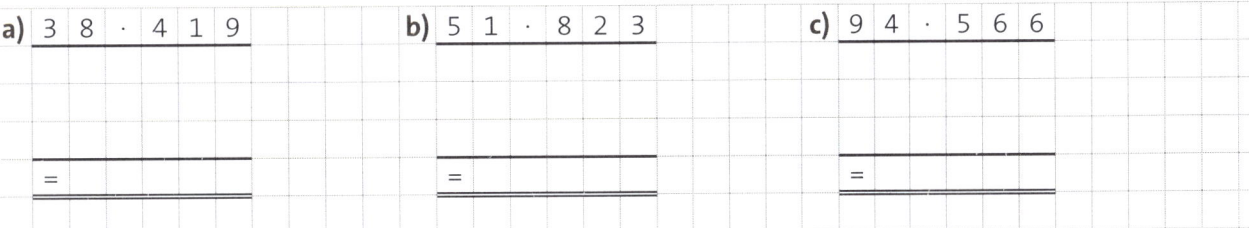

a) 3 8 · 4 1 9

b) 5 1 · 8 2 3

c) 9 4 · 5 6 6

=

=

=

A3 Trage die richtigen Zahlen in die Lücken ein.

3

a) Eine Schule hat 584 Schüler. Für einen Ausflug muss für jeden Schüler 27 € bezahlt werden. Insgesamt muss die Schule .... € bezahlen.

b) Lena fährt jeden Tag 12 km mit dem Bus. In einem Jahr (365 Tage) legt sie .... km mit dem Bus zurück.

c) In einer Konzerthalle befinden sich 418 Sitzplätze. Eine Konzertkarte kostet 39 €. Wenn die Halle ausverkauft ist, betragen die Einnahmen insgesamt .... €.

oder:
www.schuelerhilfe.de
/gute-noten
CODE 5576

bearbeitet am | zu erreichende Punktzahl: 12 | erreichte Punktzahl des Schülers

➡ Ab **10** erreichten Punkten kannst du zum nächsten Test übergehen.

Test **48**   Die schriftliche Multiplikation

Schwierigkeits-
grad

A1   Löse die Aufgabe schriftlich.   3

a) 3 1 8 5 · 4 4 8

b) 9 3 2 6 · 3 9 2

c) 1 8 6 9 · 7 1 8

=

=

=

A2   Fülle die Lücken mit den richtigen Zahlen.   2

a) 4 1 · 2 8   3

= 1 1 5 3 3 3

b) 1 9 · 8   7 5

= 1 5 7 2 2 5

A3   Trage die richtige Antwort ein.   2

a) Eine Schule kauft neue Tische und Stühle. Ein Tisch kostet 114 € und ein Stuhl kostet 68 €. Insgesamt braucht die Schule 259 Tische und 518 Stühle.

Insgesamt muss die Schule für die Anschaffung .... € bezahlen.

b) In einem Karton befinden sich 318 Flaschen Wasser. Der Großmarkt hat insgesamt 450 Kartons im Lager.

Im Lager befinden sich .... Flaschen Wasser.

oder:
www.schuelerhilfe.de
/gute-noten
CODE   5576

bearbeitet am   zu erreichende Punktzahl: 7   erreichte Punktzahl des Schülers

➡ Ab **5** erreichten Punkten kannst du zum nächsten Test übergehen.

Test **49**   Die schriftliche Multiplikation

Schwierigkeits-grad

A1   **Multipliziere am Feld.**   4

a) 6 · 14 = _____

c) 8 · 11 = _____

b) 5 · 15 = _____

d) 3 · 19 = _____

A2   **Berechne die folgenden Multiplikationsaufgaben schriftlich und schreibe das Ergebnis auf.**   12

a)   66 · 3 = _____

g) 48 · 3 = _____

b)   59 · 6 = _____

h) 28 · 4 = _____

c)   94 · 5 = _____

i) 27 · 7 = _____

d)   67 · 2 = _____

j) 98 · 3 = _____

e)   33 · 9 = _____

k) 700 · 2 = _____

f)   42 · 8 = _____

l)   29 · 8 = _____

A3   **Berechne folgende Sachaufgabe.**   1

Frage: Wie viele Stunden hat der Monat Dezember?

_____

oder:
www.schuelerhilfe.de
/gute-noten
CODE 5576

bearbeitet am _____   zu erreichende Punktzahl: **17**   erreichte Punktzahl des Schülers _____

➡ Ab **13** erreichten Punkten kannst du zum nächsten Test übergehen.

Test **50** Die schriftliche Multiplikation

Schwierigkeits-
grad

A1 Multipliziere am Feld.

4

a) 13 · 24 = ...

c) 21 · 14 = ...

b) 12 · 35 = ...

d) 36 · 16 = ...

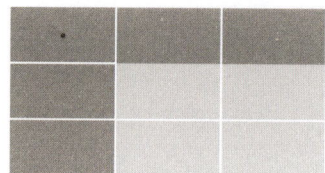

A2 Rechne schriftlich.

6

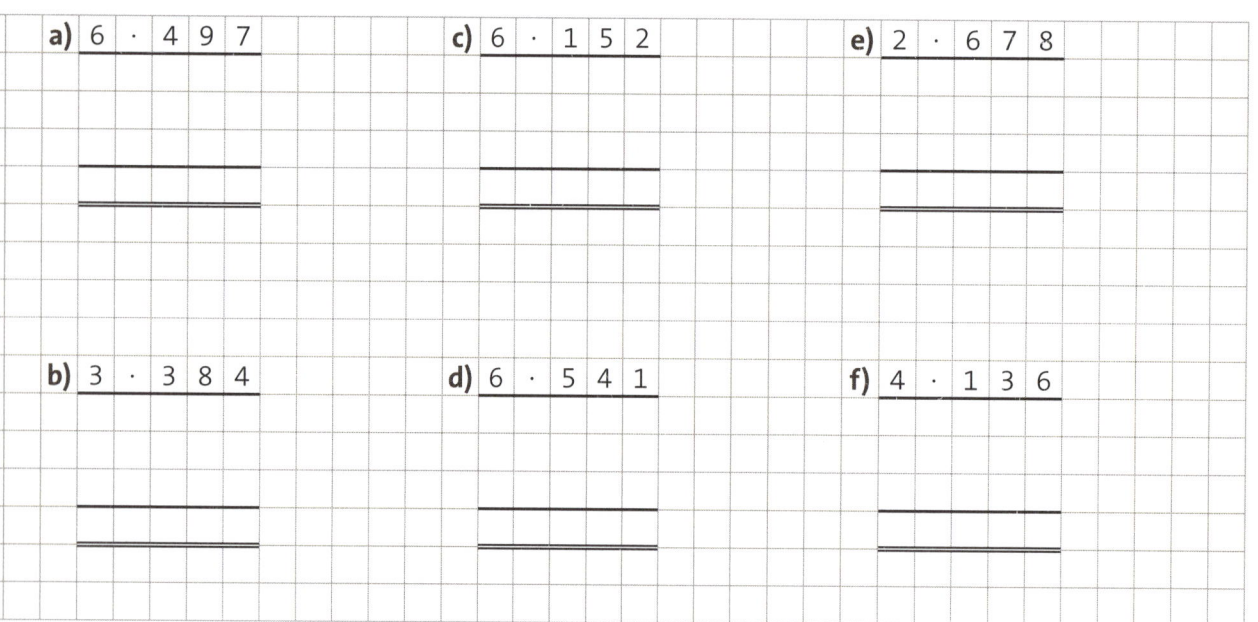

a) 6 · 4 9 7

c) 6 · 1 5 2

e) 2 · 6 7 8

b) 3 · 3 8 4

d) 6 · 5 4 1

f) 4 · 1 3 6

A3 Berechne folgende Sachaufgabe.

1

Frage: Wie viele Minuten hat ein Tag?

....

oder:
www.schuelerhilfe.de
/gute-noten
CODE 5576

bearbeitet am [ ] zu erreichende Punktzahl: 11 erreichte Punktzahl des Schülers [ ]

➡ Ab **8** erreichten Punkten kannst du zum nächsten Test übergehen.

Test 51 Die schriftliche Multiplikation

Schwierigkeits-grad

A1 **Berechne schriftlich.** 12

a) 2 0 8 · 1 3

b) 3 7 8 · 2 8

c) 7 8 9 · 1 5

d) 5 5 0 · 2 7

e) 6 1 1 · 4 4

f) 1 1 1 · 8 8

g) 2 4 6 · 1 2 3

h) 1 5 6 · 4 9 0

i) 3 5 7 · 5 1

j) 6 0 1 · 2 0 9

k) 7 2 9 · 4 4 1

l) 3 3 1 · 2 7 6

A2 **Berechne folgende Sachaufgabe.** 1

Frage: Wie viele Minuten hat ein Jahr mit 365 Tagen?

oder:
www.schuelerhilfe.de
/gute-noten
CODE 5576

bearbeitet am zu erreichende Punktzahl: 13 erreichte Punktzahl des Schülers

➡ Ab 10 erreichten Punkten kannst du zum nächsten Test übergehen.

Grundrechenarten – Division

Test 52 Die Division im Zahlenraum bis 100

Schwierigkeits-
grad

A1 Welche Zahl wird gesucht?   10

a) 10 : _____ = 5   e) 24 : _____ = 6   i) 7 : _____ = 1

b) 12 : _____ = 6   f) 30 : _____ = 10   j) 36 : _____ = 3

c) 14 : _____ = 2   g) 28 : _____ = 7

d) 15 : _____ = 5   h) 40 : _____ = 5

A2 Leo braucht für die Hausaufgaben in den Fächern Deutsch, Englisch und   2
Mathematik gleich viel Zeit. Insgesamt saß er 60 Minuten daran.
Wie viel Zeit hat er pro Fach benötigt?

Schreibe die Rechnung und einen Antwortsatz auf. Beides wird mit je einem Punkt bewertet.

....

....

A3 Im Imbiss um die Ecke kostet die Portion Pommes Frites 2 Euro, also 200 Cent.   2
Maike zählt ihre Pommes Frites und behauptet, dass jede einzelne 4 Cent kosten würde.
Wie viele hat sie also auf ihrem Teller?

Schreibe die Rechnung und einen Antwortsatz auf.
Beides wird mit je einem Punkt bewertet.

....

oder:
www.schuelerhilfe.de
/gute-noten
CODE 4627

bearbeitet am [_____]   zu erreichende Punktzahl 14   erreichte Punktzahl des Schülers [_____]

➡ Ab **11** erreichten Punkten kannst du zum nächsten Test übergehen.

Test **53**   Die Division im Zahlenraum bis 100

Schwierigkeits-
grad

A1   Berechne im Kopf.   10

a) 24 : 2 = ...

b) 30 : 3 = ...

c) 36 : 4 = ...

d) 55 : 5 = ...

e) 48 : 4 = ...

f) 54 : 6 = ...

g) 32 : 8 = ...

h) 46 : 2 = ...

i) 80 : 10 = ...

j) 36 : 12 = ...

A2   Eine Schulklasse mit 30 Schülern geht in den Zoo.   2
Für die Schule gibt es einen Rabatt, sodass alle Schüler zusammen nur 60 Euro
bezahlen müssen. Wie viel kostet jede einzelne Eintrittskarte?

Schreibe die Rechnung und einen Antwortsatz auf. Beides wird mit je einem Punkt bewertet.

....

....

A3   Auf einer Packung Schokobohnen steht „Enthält 81 Bohnen".   2
Neun Freunde teilen sich die Bohnen. Wie viele bekommt jeder,
wenn alle gleich viel essen?

Schreibe die Rechnung und einen Antwortsatz auf. Beides wird mit je einem Punkt bewertet.

....

....

oder:
www.schuelerhilfe.de
/gute-noten
CODE   4627

bearbeitet am   zu erreichende Punktzahl: 14   erreichte Punktzahl des Schülers

➧ Ab **11** erreichten Punkten kannst du zum nächsten Test übergehen.

© ZGS Bildungs-GmbH   *Mathe 3/4* • 59

Test 54 **Die Division im Zahlenraum bis 100**

Schwierigkeits-grad

A1 **Welche Zahl wird gesucht?**   10

a) 80 : _____ = 5

b) 90 : _____ = 3

c) 48 : _____ = 12

d) 75 : _____ = 25

e) 92 : _____ = 46

f) 72 : _____ = 18

g) 85 : _____ = 17

h) 100 : _____ = 20

i) 95 : _____ = 19

j) 66 : _____ = 33

A2 **Ein Getränkehändler lässt sich 84 Flaschen liefern. Von jeder Sorte hat er 12 Flaschen bestellt. Wie viele verschiedene Sorten sind das?**   2

Schreibe die Rechnung und einen Antwortsatz auf. Beides wird mit je einem Punkt bewertet.

....

....

A3 **In einer Klassenstufe mit 3 Klassen sind insgesamt 96 Schüler. Sie nehmen in Gruppen von je sechs Schülern an einem Wettbewerb teil. Wie viele Gruppen sind das?**   2

Schreibe die Rechnung und einen Antwortsatz auf. Beides wird mit je einem Punkt bewertet.

....

....

oder:
www.schuelerhilfe.de
/gute-noten
CODE   4627

bearbeitet am _____   zu erreichende Punktzahl: 14   erreichte Punktzahl des Schülers _____

➡ Ab **11** erreichten Punkten kannst du zum nächsten Test übergehen.

Test **55**   Division durch Zehnerzahlen

Schwierigkeits-grad

A1 **Berechne.**   2

a) 20 : 10 = ...

b) 30 : 30 = ...

c) 50 : 10 = ...

d) 40 : 20 = ...

A2 **Berechne.**   2

a) 50 : 50 = ...

b) 90 : 10 = ...

c) 60 : 20 = ...

d) 70 : 10 = ...

A3 **Berechne.**   2

a)   80 : 40 = ...

b)   60 : 30 = ...

c) 100 : 20 = ...

d) 100 : 50 = ...

oder:
www.schuelerhilfe.de
/gute-noten
CODE   **0862**

bearbeitet am   zu erreichende Punktzahl: 6   erreichte Punktzahl des Schülers

➡ Ab **5** erreichten Punkten kannst du zum nächsten Test übergehen.

Test **56**   Division durch Zehnerzahlen

Schwierigkeits-
grad

A1   **Berechne.**   4

a) 150 : 30 = ...

b) 180 : 20 = ...

c) 120 : 60 = ...

d) 160 : 80 = ...

A2   **Sind die Aussagen wahr oder falsch?**   4

a) 200 : 50 = 2   ☐ wahr   ☐ falsch

b) 210 : 30 = 7   ☐ wahr   ☐ falsch

c) 180 : 30 = 9   ☐ wahr   ☐ falsch

d) 270 : 90 = 3   ☐ wahr   ☐ falsch

A3   **Berechne.**   4

a)   240 : 80 = ...

b)   700 : 70 = ...

c)   140 : 20 = ...

d) 2700 : 90 = ...

oder:
www.schuelerhilfe.de
/gute-noten
CODE   0862

bearbeitet am   zu erreichende Punktzahl: 12   erreichte Punktzahl des Schülers

➡ Ab **10** erreichten Punkten kannst du zum nächsten Test übergehen.

Test 57   Division durch Zehnerzahlen

A1   Wähle die Lösungen dieser Aussagen aus: 5, 9, 8, 9   4

a) 640 : 80 = ...

b) 350 : 70 = ...

c) 720 : 80 = ...

d) 810 : 90 = ...

A2   Was passt zusammen?   4

a) 560 : 80   A: 2

b) 140 : 70   B: 9

c) 720 : 80   C: 7

d) 630 : 70   D: 9

A3   Berechne.   4

a) 4800 : 60 = ...

b) 1200 : 20 = ...

c) 2400 : 80 = ...

d) 4500 : 50 = ...

oder:
www.schuelerhilfe.de
/gute-noten
CODE   0862

bearbeitet am   zu erreichende Punktzahl: 12   erreichte Punktzahl des Schülers

➡ Ab 10 erreichten Punkten kannst du zum nächsten Test übergehen.

Test 58 Umkehraufgaben

Schwierigkeits-grad

A1 Trage die fehlenden Zahlen ein. 4

a) 45 : .... = 9

b) 72 : .... = 9

c) 96 : .... = 8

d) 132 : .... = 11

A2 Berechne. 5

a)	96	:	....	=	48	:	....	=	16
b)	450	:	....	=	150	:	....	=	30
c)	850	:	....	=	170	:	....	=	17
d)	65	:	....	=	13	:	....	=	13
e)	200	:	....	=	40	:	....	=	10

oder:
www.schuelerhilfe.de
/gute-noten
CODE 1800

bearbeitet am .... zu erreichende Punktzahl: 9 erreichte Punktzahl des Schülers ....

➡ Ab **7** erreichten Punkten kannst du zum nächsten Test übergehen.

© ZGS Bildungs-GmbH *Mathe 3/4* • 64

Test 59   Umkehraufgaben

Schwierigkeits-
grad

A1   Berechne. Beachte: Manchmal bleibt ein Rest übrig.   6

a) 300 : _____ = 37   Rest: _____

b) 400 : _____ = 40   Rest: _____

c) 650 : _____ = 11   Rest: _____

d)   25 : _____ = 5   Rest: _____

e)   48 : _____ = 12   Rest: _____

f) 688 : _____ = 7   Rest: _____

A2   Berechne.   5

a) 524 : _____ = 262 : _____ = 131

b) 444 : _____ = 222 : _____ = 111

c) 856 : _____ = 107 : _____ =   1

d) 654 : _____ = 109 : _____ = 109

e) 215 : _____ =   43 : _____ =   1

oder:
www.schuelerhilfe.de
/gute-noten
CODE   1800

bearbeitet am _____   zu erreichende Punktzahl: 11   erreichte Punktzahl des Schülers _____

➡ Ab 9 erreichten Punkten kannst du zum nächsten Test übergehen.

Test **60**   Umkehraufgaben

Schwierigkeits-grad

A1   **Rechne. Beachte: Manchmal bleibt ein Rest übrig.**   6

a)   800 : .... = 9   Rest: ....

b)   900 : .... = 10   Rest: ....

c)   1650 : .... = 6   Rest: ....

d)   255 : .... = 51   Rest: ....

e)   448 : .... = 11   Rest: ....

f)   88 : .... = 7   Rest: ....

A2   **Berechne.**   5

a)	624	:	....	=	208	:	....	=	26
b)	450	:	....	=	90	:	....	=	10
c)	958	:	....	=	479	:	....	=	1
d)	660	:	....	=	110	:	....	=	11
e)	280	:	....	=	140	:	....	=	35

oder:
www.schuelerhilfe.de
/gute-noten
CODE   1800

bearbeitet am ....   **zu erreichende Punktzahl: 11**   **erreichte Punktzahl des Schülers**

➤ Ab 9 erreichten Punkten kannst du zum nächsten Test übergehen.

Test 61   Die schriftliche Division

Schwierigkeits-grad

A1   Löse folgende Aufgaben schriftlich.   6

a) 5 4 : 2 =

d) 8 0 : 4 =

b) 6 0 : 3 =

e) 2 0 0 : 5 =

c) 9 0 : 5 =

f) 1 5 0 : 1 5 =

A2   Wähle das richtige Ergebnis aus.   6

| 26 | 15 | 100 | 9 | 23 | 9 |

a) 1 8 : 2 =

d) 3 4 5 : 2 3 =

b) 4 5 : 5 =

e) 3 0 0 : 3 =

c) 6 9 : 3 =

f) 7 8 : 3 =

A3   Anna hat 8 Baguettes für 16 € gekauft. Wie viel kostet ein Baguette?   1

Notiere hier das Ergebnis:

oder:
www.schuelerhilfe.de
/gute-noten

CODE   4335

....

bearbeitet am   zu erreichende Punktzahl: 13   erreichte Punktzahl des Schülers

➡ Ab 10 erreichten Punkten kannst du zum nächsten Test übergehen.

Test **62** Die schriftliche Division

Schwierigkeits-grad

A1 Löse folgende Aufgaben schriftlich. 6

a) 1 5 4 : 2 =

d) 6 0 : 4 =

b) 6 3 0 : 3 =

e) 2 0 0 : 5 =

c) 9 1 0 : 5 =

f) 1 6 5 : 1 5 =

A2 Wähle das richtige Ergebnis aus. 6

| 30 | 69 | 112 | 9 | 15 | 262 |

a) 2 7 : 3 =

d) 3 4 5 : 2 3 =

b) 4 5 0 : 1 5 =

e) 3 3 6 : 3 =

c) 6 9 0 : 1 0 =

f) 7 8 6 : 3 =

A3 Jeden Tag rechnen wir 4 Aufgaben. Wir haben insgesamt 64 Aufgaben gerechnet. Wie viel Tagen haben wir dafür gebraucht? 1

....

oder:
www.schuelerhilfe.de
/gute-noten
CODE 4335

bearbeitet am .... zu erreichende Punktzahl: 13 erreichte Punktzahl des Schülers ....

➡ Ab **10** erreichten Punkten kannst du zum nächsten Test übergehen.

Test 63   **Die schriftliche Division**

A1   **Löse folgende Aufgaben schriftlich.**   6

a) 3 4 5 6 : 1 2 =

b) 6 3 5 0 : 2 5 =

c) 9 4 2 0 : 2 0 =

d) 6 4 0 0 : 4 0 =

e) 2 9 5 0 : 5 0 =

f) 1 6 2 5 : 2 5 =

A2   **Wähle das richtige Ergebnis aus.**   6

| 134 | 118 | 302 | 690 | 10 | 479 |

a) 2 9 5 0 : 2 5 =

b) 4 5 3 0 : 1 5 =

c) 6 7 0 0 : 5 0 =

d) 3 4 5 0 : 5 =

e) 5 5 0 : 5 5 =

f) 9 5 8 0 : 2 0 =

A3   **Wir haben 45 neue Paar Schuhe für 1125 € gekauft.**   1
Wie viel kostet ein einzelnes Paar Schuhe?

oder:
www.schuelerhilfe.de
/gute-noten
CODE   4335

bearbeitet am   zu erreichende Punktzahl: 13   erreichte Punktzahl des Schülers

➡ Ab **10** erreichten Punkten kannst du zum nächsten Test übergehen.

Test **64**   Die schriftliche Division

Schwierigkeits-
grad

A 1   Berechne schriftlich.

  4

a) 1 1 7 : 1 3 =

c) 1 5 2 : 1 9 =

b) 9 6 : 1 6 =

d) 1 1 9 : 1 7 =

A 2   Suche die passende Lösung zu der Division.
(Trage den passenden großen Buchstaben ein.

  4

| A = 17 | B = 9 | C = 12 | D = 15 |

a) 6 0 : 4 =

c) 1 3 5 : 1 5 =

b) 9 6 : 8 =

d) 8 5 : 5 =

A 3   Die Klassenfahrt kostet insgesamt 350 €, in der Klasse sind 25 Kinder,
wie viel muss jedes Kind bezahlen, um mitfahren zu können?

  1

Antwort: ....

oder:
www.schuelerhilfe.de
/gute-noten
CODE   4335

bearbeitet am   **zu erreichende Punktzahl: 9**   **erreichte Punktzahl des Schülers**

➡ Ab **7** erreichten Punkten kannst du zum nächsten Test übergehen.

Test 65   Die schriftliche Division

Schwierigkeits-
grad

A1   **Berechne schriftlich.**   4

a) 6 4 5 : 1 5 =

c) 4 7 5 : 1 9 =

b) 5 6 4 : 1 2 =

d) 6 1 2 : 1 7 =

A2   **Suche die passende Lösung zu der Division.**   4
(Trage den passenden großen Buchstaben ein.)

A = 32   B = 41   C = 29   D = 19

a) 4 9 3 : 1 7 =

c) 5 3 3 : 1 3 =

b) 4 4 8 : 1 4 =

d) 3 4 2 : 1 8 =

A3   **Die Rechnung für die neuen Bälle des Fußballvereins ist gekommen,**   1
diese beträgt 900 €, wie viele Bälle hat der Verein bestellt, wenn ein Ball 12 € kostet?

Antwort: ....

bearbeitet am   zu erreichende Punktzahl: 9   erreichte Punktzahl des Schülers

➡ Ab **7** erreichten Punkten kannst du zum nächsten Test übergehen.

Test 66 — Die schriftliche Division

Schwierigkeits-
grad

A1 Berechne die folgenden Aufgaben schriftlich. ☐ 4

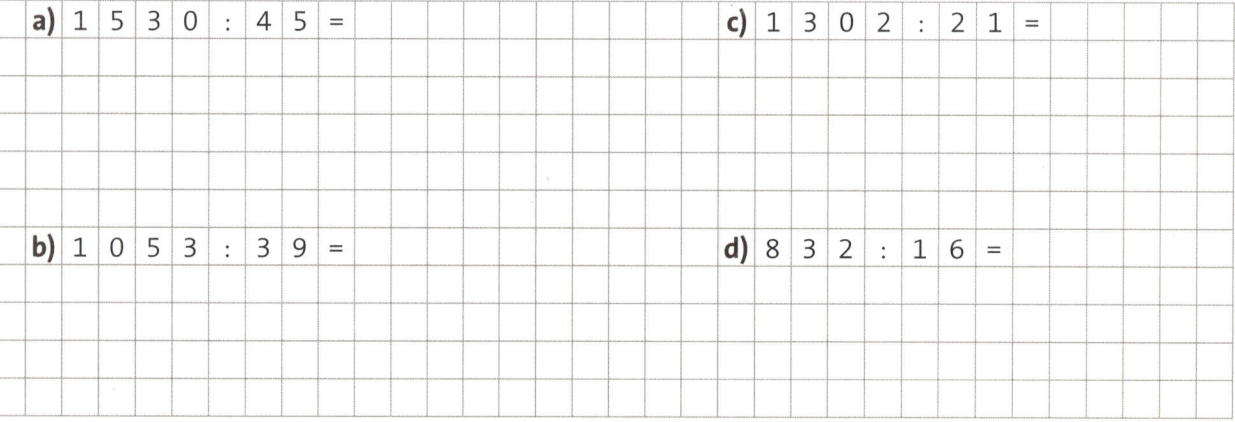

a) 1 5 3 0 : 4 5 =

c) 1 3 0 2 : 2 1 =

b) 1 0 5 3 : 3 9 =

d) 8 3 2 : 1 6 =

A2 Suche die passende Lösung zu der Division.
(Trage den passenden großen Buchstaben ein. ☐ 4

| A = 56 | B = 64 | C = 73 | D = 47 |

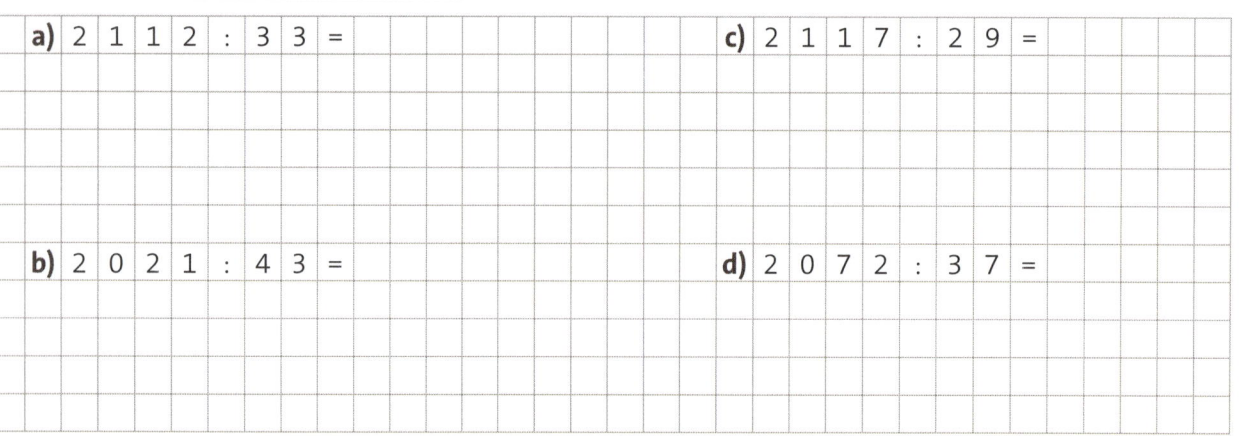

a) 2 1 1 2 : 3 3 =

c) 2 1 1 7 : 2 9 =

b) 2 0 2 1 : 4 3 =

d) 2 0 7 2 : 3 7 =

A3 Für die Jahrgangsstufe wurden neue Mathebücher gekauft,
die Rechnung beträgt 1224 €, jedes Buch hat 12 € gekostet, wie viele Schüler
gehen in die Jahrgangsstufe? ☐ 1

oder:
www.schuelerhilfe.de
/gute-noten
CODE 4335

bearbeitet am ☐   zu erreichende Punktzahl: 9   erreichte Punktzahl des Schülers

➡ Ab **7** erreichten Punkten kannst du zum nächsten Test übergehen.

Test 69 Die Division mit Rest bis 100

Schwierigkeits-
grad

A1 **Dividiere schriftlich.** 5

a) 56 : 9 = ... Rest: ....

b) 87 : 5 = ... Rest: ....

c) 99 : 8 = ... Rest: ....

d) 73 : 7 = ... Rest: ....

e) 67 : 3 = ... Rest: ....

A2 **Wie oft passen folgende Zahlen in die 83? Wie viel bleibt als Rest übrig?** 4

a) 83 : 7 = ... Rest: ....

b) 83 : 6 = ... Rest: ....

c) 83 : 3 = ... Rest: ....

d) 83 : 4 = ... Rest: ....

A3 **Kreuze die richtige Lösung an.** 1

43 : 8 ergibt: Als Rest bleibt dann:

☐ 5   ☐ 5
☐ 7   ☐ 2
☐ 6   ☐ 3

oder:
www.schuelerhilfe.de
/gute-noten
CODE 3116

bearbeitet am .... zu erreichende Punktzahl: 10 erreichte Punktzahl des Schülers ....

➡ Ab **8** erreichten Punkten kannst du zum nächsten Test übergehen.

© ZGS Bildungs-GmbH *Mathe 3/4* ▪ 75

Test 70   Die Division mit Rest bis 100

Schwierigkeits-grad

A1   Berechne die folgenden Aufgaben und gib den Rest an.

10

a) 12 : 5 = ...   Rest: ....

b) 23 : 9 = ...   Rest: ....

c) 53 : 4 = ...   Rest: ....

d) 84 : 3 = ...   Rest: ....

e) 26 : 6 = ...   Rest: ....

f) 13 : 5 = ...   Rest: ....

g) 19 : 8 = ...   Rest: ....

h) 25 : 6 = ...   Rest: ....

i) 34 : 9 = ...   Rest: ....

j) 19 : 3 = ...   Rest: ....

A2   Eine Oma hat 70 Euro für ihren alten Fernseher bekommen, das Geld möchte sie gerne auf ihre 6 Enkelkinder aufteilen, jedes Enkelkind soll den gleichen Betrag bekommen.

2

a) Wie viel Geld bekommt jedes Enkelkind?

....

b) Wie viel Geld bleibt übrig?

....

oder:
www.schuelerhilfe.de
/gute-noten
CODE   3116

bearbeitet am [   ]   zu erreichende Punktzahl: 12   erreichte Punktzahl des Schülers [   ]

➡ Ab **10** erreichten Punkten kannst du zum nächsten Test übergehen.

Test 71 Die Division mit Rest bis 100

Schwierigkeits-
grad

A1 Berechne die folgenden Aufgaben und gib den Rest an. 10

a) 26 : 4 = ...   Rest: ....

b) 52 : 7 = ...   Rest: ....

c) 46 : 3 = ...   Rest: ....

d) 73 : 8 = ...   Rest: ....

e) 87 : 5 = ...   Rest: ....

f) 63 : 8 = ...   Rest: ....

g) 25 : 3 = ...   Rest: ....

h) 44 : 4 = ...   Rest: ....

i) 27 : 2 = ...   Rest: ....

j) 32 : 7 = ...   Rest: ....

A2 Ein Papa hat für seine Kinder eine Packung Gummibärchen gekauft, 3
in der Packung sind 85 Gummibärchen, er möchte jedem seiner drei Kinder gleich
viele Gummibärchen geben.

a) Wie viele Gummibärchen bekommt jedes Kind?

....

b) Wie viele Gummibärchen bleiben über?

....

c) Wie viele Gummibärchen bekommt jedes Kind, wenn er für sich 10 Stück
behalten möchte?

....

oder:
www.schuelerhilfe.de
/gute-noten
CODE 3116

bearbeitet am   zu erreichende Punktzahl: 13   erreichte Punktzahl des Schülers

➡ Ab 10 erreichten Punkten kannst du zum nächsten Test übergehen.

© ZGS Bildungs-GmbH   *Mathe 3/4* ▪ 77

Test 72   Die Division mit Rest bis 100

Schwierigkeits-
grad

A1 **Berechne die folgenden Aufgaben und gib den Rest an.**   10

a) 69 : 6 = ...   Rest: ....

b) 78 : 5 = ...   Rest: ....

c) 86 : 8 = ...   Rest: ....

d) 94 : 12 = ...   Rest: ....

e) 79 : 13 = ...   Rest: ....

f) 98 : 16 = ...   Rest: ....

g) 45 : 17 = ...   Rest: ....

h) 74 : 12 = ...   Rest: ....

i) 74 : 9 = ...   Rest: ....

j) 62 : 3 = ...   Rest: ....

A2 **Der Nachbar von Familie Müller bringt einen Eimer Kirschen vorbei. In dem Eimer befinden sich 94 Kirschen. Die Familie Müller besteht aus fünf Personen.**   3

a) Wie viele Kirschen bekommt jeder, wenn diese gerecht auf alle fünf Personen aufgeteilt werden würden?

....

b) Wie viele Kirschen bleiben dann noch über?

....

c) Die Mutter mag keine Kirschen, also werden die Kirschen auf die restlichen vier Personen aufgeteilt, wie viele Kirschen bekommt nun jeder? Wie viele Kirschen bleiben übrig?

....

oder:
www.schuelerhilfe.de
/gute-noten
CODE   3116

bearbeitet am [   ]   zu erreichende Punktzahl: 13   erreichte Punktzahl des Schülers [   ]

➡ Ab **10** erreichten Punkten kannst du zum nächsten Test übergehen.

Vorteilhaftes Rechnen

Test 73 Punktrechnung vor Strichrechnung

Schwierigkeits-grad

A1 Löse die folgenden Aufgaben, beachte Punktrechnung vor Strichrechnung. **10**
Schreibe deinen ersten Rechenschritt dazu, wie im Beispiel gezeigt.

Beispiel

$6 - 5 + 2 \cdot 4 = 6 - 5 + 8 = 1 + 8 = 9$

a) $7 - 4 + 3 \cdot 2 =$ ....

b) $3 \cdot 12 - 2 \cdot 5 =$ ....

c) $3 + 4 \cdot 6 =$ ....

d) $12 + 2 \cdot 3 - 2 =$ ....

e) $3 \cdot 4 + 4 : 2 =$ ....

f) $6 + 4 + 3 : 3 =$ ....

g) $8 + 4 \cdot 3 \cdot 2 =$ ....

h) $9 \cdot 3 + 2 - 4 =$ ....

i) $8 : 4 + 4 \cdot 3 + 5 =$ ....

j) $3 + 5 - 4 \cdot 2 =$ ....

A2 Löse die folgenden Aufgaben, beachte Punktrechnung vor Strichrechnung und **3**
dass Klammern zuerst berechnet werden. Schreibe deine Zwischenrechnung mit auf.

Beispiel

$(5 \cdot 2) + (4 : 2) = 10 + 2 = 12$

a) $(5 \cdot 2) + (4 : 2) =$ ....

b) $(3 \cdot 2) - (2 \cdot 1) =$ ....

c) $(6 \cdot 3) + (2 + 3) =$ ....

oder:
www.schuelerhilfe.de
/gute-noten
CODE **1455**

bearbeitet am .... zu erreichende Punktzahl **13** erreichte Punktzahl des Schülers

➡ Ab **10** erreichten Punkten kannst du zum nächsten Test übergehen.

Test 74 — Punktrechnung vor Strichrechnung

Schwierigkeits-grad

A1 Löse die folgenden Aufgaben und beachte dabei Punktrechnung vor Strichrechnung. Schreibe deine Zwischenrechnung ebenfalls auf.

12

Beispiel

$15 - 2 + 2 \cdot 3 = 15 - 2 + 6 = 15$

a) $12 : 4 \cdot 6 + 11 =$

b) $15 : 3 \cdot 2 - 4 - 4 =$

c) $2 \cdot 3 - 25 : 5 =$

d) $14 : 7 + 4 \cdot 3 =$

e) $16 : 4 + 3 - 3 \cdot 2 =$

f) $12 \cdot 3 + 20 : 5 =$

g) $30 + 6 : 6 =$

h) $28 + 9 + 3 \cdot 3 =$

i) $18 + 4 \cdot 2 - 12 =$

j) $20 \cdot 2 - 10 + 5 =$

k) $3 \cdot 4 - 2 \cdot 5 =$

l) $24 - 3 \cdot 3 \cdot 2 =$

A2 Löse die folgenden Aufgaben, beachte Punktrechnung vor Strichrechnung und dass Klammern zuerst berechnet werden.

3

a) $(5 + (2 \cdot 6)) + 6 =$

b) $(3 + 5) + 3 + 4 =$

c) $(35 : 7) + (12 + 13) =$

oder:
www.schuelerhilfe.de
/gute-noten
CODE 1455

bearbeitet am   zu erreichende Punktzahl: 15   erreichte Punktzahl des Schülers

➡ Ab **12** erreichten Punkten kannst du zum nächsten Test übergehen.

Test 75 **Punktrechnung vor Strichrechnung**

Schwierigkeits-
grad

A1 **Löse die folgenden Aufgaben, beachte Punktrechnung vor Strichrechnung.** 15

a) $54 + 3 \cdot 15 =$ ....

b) $72 : 8 + 5 \cdot 12 =$ ....

c) $7 \cdot 3 \cdot 4 - 15 =$ ....

d) $6 + 3 - 2 \cdot 5 =$ ....

e) $2 \cdot 18 + 36 : 4 =$ ....

f) $24 : 2 - 4 \cdot 3 =$ ....

g) $25 + 15 \cdot 3 - 2 =$ ....

h) $98 - 17 - 3 \cdot 4 =$ ....

i) $23 + 4 \cdot 12 - 4 =$ ....

j) $48 : 8 + 33 : 3 =$ ....

k) $72 - 5 \cdot 3 - 12 =$ ....

l) $20 : 5 \cdot 3 - 7 \cdot 2 =$ ....

m) $14 \cdot 3 - 7 \cdot 3 =$ ....

n) $40 - 20 \cdot 3 + 20 =$ ....

o) $95 \cdot 2 - 70 =$ ....

A2 **Löse die folgenden Aufgaben, beachte Punktrechnung vor Strichrechnung** 3
und das Klammern zuerst berechnet werden.

a) $7 + (25 + (36 + (20))) =$ ....

b) $(25 + 5) + (16 - (17 - (19)) =$ ....

c) $25 \cdot 3 + (26 - 2) =$ ....

oder:
www.schuelerhilfe.de
/gute-noten
CODE  **1455**

bearbeitet am zu erreichende Punktzahl: 18 erreichte Punktzahl des Schülers

➡ Ab **14** erreichten Punkten kannst du zum nächsten Test übergehen.

Test **76**   Addition und Subtraktion

Schwierigkeits-
grad

A 1   Berechne die Aufgaben möglichst vorteilhaft.   6

a) 27 + 3 = ...

d) 44 − 9 = ...

b) 14 + 8 = ...

e) 51 − 4 = ...

c) 45 + 6 = ...

f) 131 + 76 = ...

A 2   Zerlege die Rechnungen so, dass du sie vorteilhaft rechnen könntest.   5
Löse dann die Aufgaben.

a) 87 + 22 + 15 = ... + ... + ... + ... + ... = ...

b) 64 + 48 = ... + ... + ... + ... = ...

c) 12 − 8 = ... − .... − .... = ...

d) 30 + 53 + 26 = ... + ... + ... + ... = ...

e) 77 − 9 = 77 − .... − .... = ...

A 3   Welche Zahlen solltest du als erstes zusammenrechnen,   4
sodass du vorteilhaft rechnest? Kreuze die richtige Lösung an.

a) 12 + 37 + 8 =

☐ 12 + 37
☐ 27 + 8
☐ 12 + 8

b) 5 + 5 + 7 =

☐ 5 + 5
☐ 5 + 7

c) 6 + 17 + 3 =

☐ 6 + 17
☐ 17 + 3
☐ 6 + 3

d) 14 + 5 + 2 + 3 =

☐ 14 + 5 und 2 + 3
☐ 5 + 2 und 14 + 3
☐ erst 2 + 3, danach + 5 und dann + 14
☐ 5 + 3 und 14 + 2

oder:
www.schuelerhilfe.de
/gute-noten
CODE   2846

bearbeitet am   zu erreichende Punktzahl: 15   erreichte Punktzahl des Schülers

➡ Ab **12** erreichten Punkten kannst du zum nächsten Test übergehen.

© ZGS Bildungs-GmbH   *Mathe 3/4* • 82

Test 77 — Addition und Subtraktion

Schwierigkeits-
grad

A1 Stelle die Zahlen, wenn nötig, um, damit du einfacher rechnen kannst.
Gib die Lösung an.   5

a) 27 + 13 + 4 + 16 = ...

b) 45 + 7 + 13 + 5 = ...

c) 81 + 9 + 19 + 1 = ...

d) 64 + 25 + 15 + 6 = ...

e) 17 + 37 + 13 + 33 = ...

A2 Berechne vorteilhaft.   6

a) 27 + 5 + 3 = ...

b) 14 + 3 + 8 = ...

c) 45 + 34 + 6 = ...

d) 48 − 23 − 5 = ...

e) 87 − 51 − 6 = ...

f) 131 + 76 + 3= ....

A3 Berechne vorteilhaft.   6

a) 87 − 12 = ...

b) 96 − 17 = ...

c) 54 − 8 − 5 = ...

d) 37 − 9 = ...

e) 61 − 15 = ...

f) 42 − 19 − 2 = ...

oder:
www.schuelerhilfe.de
/gute-noten
CODE 2846

bearbeitet am ....   zu erreichende Punktzahl: **17**   erreichte Punktzahl des Schülers ....

➡ Ab **13** erreichten Punkten kannst du zum nächsten Test übergehen.

Test 78   Addition und Subtraktion

Schwierigkeits-
grad

A1   **Berechne vorteilhaft.**   6

Die Klasse 4b hat ein Klassenfest organisiert, zu dem alle Verwandten und Freunde eingeladen waren. Sie haben T-Shirts mit lustigen Sprüchen bedrucken lassen. Dafür haben sie 350 € ausgegeben. Außerdem haben sie für 234 € Bratwürstchen eingekauft, um sie auf ihrem Fest zu verkaufen. Der Bratwurstverkauf lief gut, bis auf einige wenige sind alle verkauft. Hierbei hat die Klasse 512 € eingenommen. Bei den T-Shirts hatten sie weniger Glück. Die Einnahmen durch den T-Shirt Verkauf betragen lediglich 275 €.

a) Hat die Klasse für die T-Shirts mehr eingenommen oder ausgegeben? Um wieviel Geld handelt es sich?

☐ mehr ausgegeben   ☐ mehr eingenommen

Beitrag, der mehr eingenommen, oder der mehr ausgegeben wurde: _____ €

b) Hat die Klasse für die Bratwürstchen mehr eingenommen oder mehr ausgegeben? Um wieviel Geld handelt es sich?

☐ mehr ausgegeben   ☐ mehr eingenommen

Beitrag, der mehr eingenommen, oder der mehr ausgegeben wurde: _____ €

c) Hat sich das Fest für die Klasse gelohnt? Haben sie insgesamt mehr Geld für das Fest ausgegeben, oder mehr auf dem Fest eingenommen?

☐ mehr ausgegeben   ☐ mehr eingenommen

Beitrag, der mehr eingenommen, oder der mehr ausgegeben wurde: _____ €

A2   **Stelle die Aufgaben so um, dass du möglichst vorteilhaft rechnen kannst.**   10
Trage deine Umstellung in die dafür vorgesehenen Kästchen ein.
Beginne mit der größten Zahl. Berechne dann die Lösung.

a) $37 + 125 + 12 + 43 + 8 =$ _____ + _____ + _____ + _____ + _____ = _____

b) $15 + 13 + 87 + 5 =$ _____ + _____ + _____ + _____ = _____

c) $66 + 89 + 37 + 4 + 21 =$ _____ + _____ + _____ + _____ + _____ = _____

d) $51 + 128 + 32 + 9 =$ _____ + _____ + _____ + _____ = _____

e) $174 - 33 - 54 - 12 =$ _____ − _____ − _____ − _____ = _____

bearbeitet am _____   zu erreichende Punktzahl: 16   erreichte Punktzahl des Schülers

➡ Ab **12** erreichten Punkten kannst du zum nächsten Test übergehen.

Test 79 **Addition und Subtraktion**

Schwierigkeits-grad

A1 Entscheide dich bei den folgenden Rechnungen für das richtige Rechenzeichen, um auf das Ergebnis zu kommen. | 6 |

a) 34 _____ 53 = 87

b) 14 _____ 53 _____ 21 = 46

c) 22 _____ 13 = 9

d) 68 _____ 32 _____ 50 = 50

e) 47 _____ 57 = 104

f) 30 _____ 12 _____ 40 = 58

A2 Überprüfe die Rechnungen. Übernimm sie, wenn sie richtig sind.
Bessere die Fehler aus, wenn sie falsch sind.
Tipp: Manchmal ist nur das Rechenzeichen falsch. | 4 |

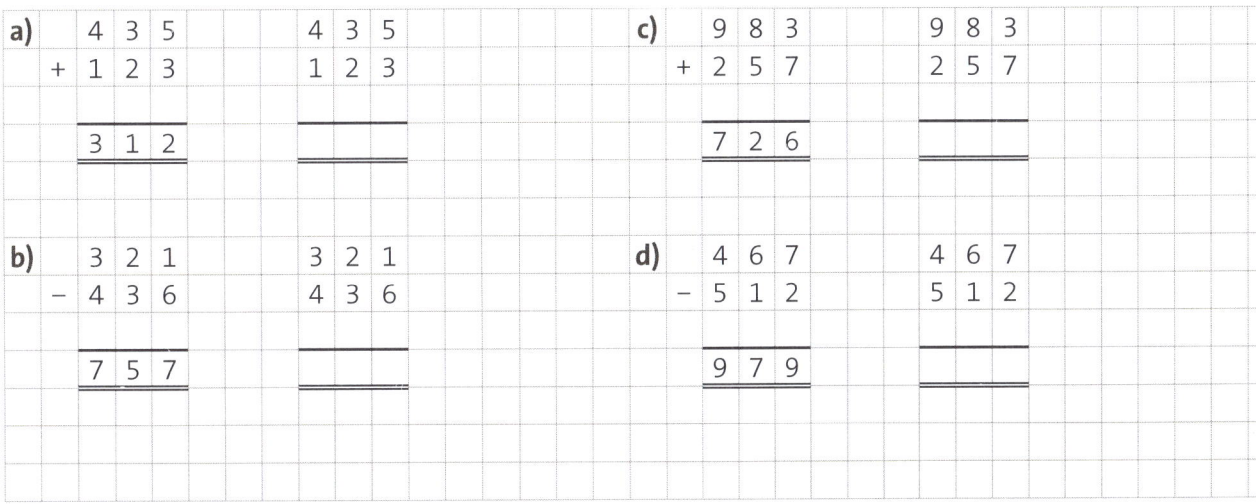

a)
```
    4 3 5        4 3 5
  + 1 2 3        1 2 3

    3 1 2
```

b)
```
    3 2 1        3 2 1
  - 4 3 6        4 3 6

    7 5 7
```

c)
```
    9 8 3        9 8 3
  + 2 5 7        2 5 7

    7 2 6
```

d)
```
    4 6 7        4 6 7
  - 5 1 2        5 1 2

    9 7 9
```

A3 Löse die Klammern auf und berechne das Ergebnis. | 3 |

a) 123 + (+46)

= ....

= ....

b) 646 + (−325)

= ....

= ....

c) 749 − (−154)

= ....

= ....

oder:
www.schuelerhilfe.de
/gute-noten
CODE 2846

bearbeitet am [   ] zu erreichende Punktzahl: 13 erreichte Punktzahl des Schülers [   ]

➡ Ab **10** erreichten Punkten kannst du zum nächsten Test übergehen.

Test **80**   Addition und Subtraktion

A 1 Um wie viele Zahlen muss man vorwärts zählen? Kreuze an.

4

a) von   −34   bis   34   :   ☐ 0   ☐ 34   ☐ 68

b) von   17   bis   115   :   ☐ 97   ☐ 98   ☐ 99

c) von −421   bis −354   :   ☐ 67   ☐ 775   ☐ −67

d) von − 13   bis   55   :   ☐ 39   ☐ 42   ☐ 68

A 2 Huch? Hier stimmt etwas nicht. Überprüfe das Ergebnis und die Rechenzeichen. Korrigiere anschließend die Rechenzeichen.

3

a)
```
    7 2 8           7 2 8
  − 4 3 2           4 3 2
  +   1 6             1 6
  ───────         ───────
  1 1 7 6         1 1 7 6
```

b)
```
    9 3 4           9 3 4
  − 1 3 1           1 3 1
  + 4 8 9           4 8 9
  ───────         ───────
    3 1 4           3 1 4
```

c)
```
    3 2 1           3 2 1
  −   7 3             7 3
  − 8 1 0           8 1 0
  ───────         ───────
  1 2 0 4         1 2 0 4
```

A 3 In deiner Küche steht ein Korb mit 20 Äpfeln, dein Vater nimmt 3 Äpfel zur Arbeit mit, du 2 zur Schule und deine Schwester nimmt 4, isst aber nur 2 und legt die anderen beiden wieder in den Korb zurück. Wie viele Äpfel liegen dann im Korb?

1

Antwort: ....

oder:
www.schuelerhilfe.de
/gute-noten
CODE 2846

bearbeitet am ▢   zu erreichende Punktzahl: 9   erreichte Punktzahl des Schülers ▢

➡ Ab **7** erreichten Punkten kannst du zum nächsten Test übergehen.

Test 81 **Addition und Subtraktion**

A1 **Löse die Klammern auf und berechne vorteilhaft.** `3`

a) $(+12) - (+43) + (-54) - (-64) =$ ....

b) $(-96) + (+42) - (-56) + (-73) =$ ....

c) $+ (+13) - (+56) + (-46) - (+75) + (+) 26 =$ ....

A2 **Kreuze alle Rechnungen an, die das Ergebnis 57 ergeben.** `8`

a) ☐ $45 + 13$

b) ☐ $354 - 265 - 32$

c) ☐ $135 - 654 + 1503$

d) ☐ $-2443 - 656 + 3156$

e) ☐ $117 - 4 + 63 - 119$

f) ☐ $156 - 87 + 45 - 63$

g) ☐ $5 + 54 + 33 + 15 - 45$

h) ☐ $-5 + 78 - 4 - 58 + 46$

A3 **Beantworte die folgenden Textaufgaben. Notiere den Rechenweg ermittel das richtige Ergebnis.** `3`

a) Peter baut aus 5345 Plastikbechern einen 321 Meter großen Turm. Als am Folgetag plötzlich ein Orkan mit einer Geschwindigkeit von 434 km/h aufzieht, bricht der Turm fast vollkommen zusammen. Zu Peters Bedauern stehen nur noch 1675 Becher aufeinander.
Wie viele Plastikbecher sind vom Turm gefallen? `1`

Rechnung: ....

b) Nach einer Statistik von 2014 verursacht ein Deutscher rund 213 Kilogramm Verpackungsmüll pro Jahr. Im Jahr 2004 waren es noch durchschnittlich fünfunddreißig Kilogramm weniger. In zwanzig Jahren soll laut Prognosen die Menge an Verpackungsmüll in Kilogramm sogar doppelt so hoch sein als im Jahr 2004. Wieviel Verpackungsmüll in Kilogramm hat ein Deutscher im Durchschnitt im Jahr 2004 pro Jahr verursacht? Wie viel Kilogramm Verpackungsmüll wird ein Deutscher durchschnittlich im Jahr 2034 verursachen? `2`

Rechnung: ....

oder:
www.schuelerhilfe.de
/gute-noten
CODE `2846`

bearbeitet am [   ]   zu erreichende Punktzahl: 14   erreichte Punktzahl des Schülers [   ]

➡ Ab **11** erreichten Punkten kannst du zum nächsten Test übergehen.

Test **82** — Multiplikation und Division

Schwierigkeits-grad

A1 **Fülle die Lücken.** | 10 |

Die zwei Punktrechenarten heißen _____ und _____. Bei

der _____ kann man, um einfacher rechnen zu können, die Zahlen vor und hinter

dem Rechenzeichen vertauschen. Bei der _____ hingegen würde ein Vertauschen

der beiden Zahlen zu einem völlig anderen Ergebnis führen. Deswegen rechnet man bei der

_____ mit mehreren Zahlen immer der Reihe nach von _____ nach _____,

z. B. 20 : 5 : 2 ➡ 20 : 5, dann das Ergebnis durch 2; also 20 : 5 = _____, _____ : 2 = _____.

A2 **Moritz kauft Briefmarken. Er bekommt eine Reihe Briefmarken von der Frau hinter dem Tresen. Wieviel Geld hat Moritz dafür ausgegeben?** | 3 |

a)

| 60 Cent | 60 Cent | 60 Cent | 60 Cent | 60 Cent |
| Deutschland | Deutschland | Deutschland | Deutschland | Deutschland |

_____ €

b)

| 60 Cent | 60 Cent | 60 Cent | 60 Cent | 60 Cent | 60 Cent | 60 Cent |
| Deutschland | Deutschland | Deutschland | Deutschland | Deutschland | Deutschland | Deutschland |

_____ €

c)

| 70 Cent | 70 Cent | 70 Cent | 70 Cent | 70 Cent | 70 Cent | 70 Cent |
| Deutschland | Deutschland | Deutschland | Deutschland | Deutschland | Deutschland | Deutschland |

_____ €

A3 **Berechne.** | 5 |

a) 36 : 2 : 2 = _____

b) 64 : 8 : 4 = _____

c) 12 : 3 : 2 = _____

d) 12 : 4 : 1 = _____

e) 24 : 6 : 4 = _____

oder:
www.schuelerhilfe.de
/gute-noten
CODE 7744

bearbeitet am _____ zu erreichende Punktzahl: 18 erreichte Punktzahl des Schülers _____

➡ Ab **14** erreichten Punkten kannst du zum nächsten Test übergehen.

Test 83   Multiplikation und Division

A1   Rechne die folgenden Aufgaben nach. Kreuze an, ob das angegebene Ergebnis richtig oder falsch ist. Gib das richtige Ergebnis an, wenn nötig, trage ansonsten ein „ / " ein.

    7

a) $50 : 10 \cdot 2 = 5$ ☐ richtig   ☐ falsch   Richtig: ....

b) $50 : 10 \cdot 5 = 25$ ☐ richtig   ☐ falsch   Richtig: ....

c) $48 : 4 : 4 = 3$ ☐ richtig   ☐ falsch   Richtig: ....

d) $70 : 7 : 5 = 10$ ☐ richtig   ☐ falsch   Richtig: ....

e) $84 : 4 : 7 = 4$ ☐ richtig   ☐ falsch   Richtig: ....

f) $20 \cdot 5 : 10 = 5$ ☐ richtig   ☐ falsch   Richtig: ....

g) $5 \cdot 7 \cdot 2 : 10 = 5$ ☐ richtig   ☐ falsch   Richtig: ....

A2   Alle Rechtecke sind gleich groß. Wie viele Kästchen werden jetzt von ihnen gemeinsam verdeckt? Rechne vorteilhaft.

    1

.... Kästchen

A3   Wie viele Kästchen werden insgesamt von dem großen Rechteck verdeckt? Hinweis: Auch nur teilweise verdeckte Kästchen zählen als verdeckt und werden vollständig mitgezählt.

    3

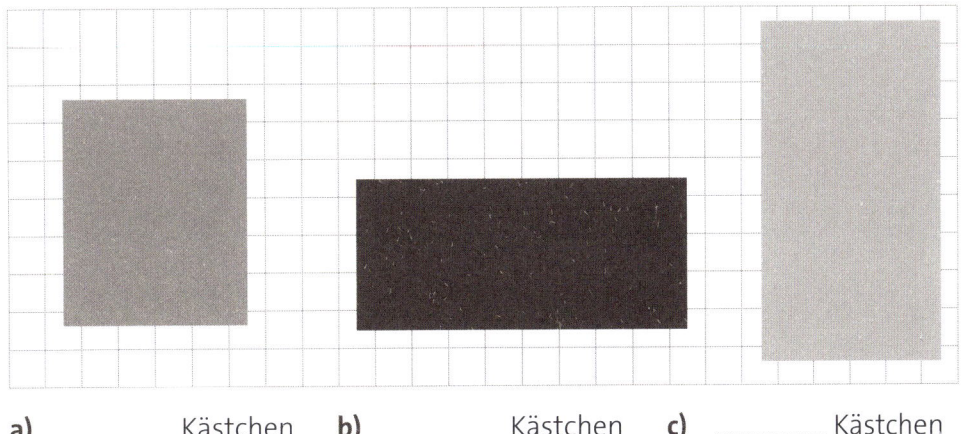

a) .... Kästchen   **b)** .... Kästchen   **c)** .... Kästchen

oder:
www.schuelerhilfe.de
/gute-noten
CODE   **7744**

bearbeitet am   zu erreichende Punktzahl: 11   erreichte Punktzahl des Schülers

➡ Ab **8** erreichten Punkten kannst du zum nächsten Test übergehen.

Test **84** — Multiplikation und Division

Schwierigkeits-grad

A1 Berechne vorteilhaft. Stelle um, wenn nötig.   6

a) $5 \cdot 6 \cdot 2 \cdot 10 =$ ....

b) $15 \cdot 5 \cdot 3 \cdot 2 =$ ....

c) $30 \cdot 4 \cdot 10 \cdot 5 =$ ....

d) $17 \cdot 4 \cdot 5 \cdot 10 =$ ....

e) $24 : 3 \cdot 8 =$ ....

f) $30 : 6 : 5 \cdot 2 =$ ....

A2 Berechne vorteilhaft, indem du große Zahlen zunächst zerlegst. Stelle um, wenn nötig.   6

a) $15 \cdot 6 \cdot 2 =$ ....

b) $35 \cdot 7 \cdot 2 =$ ....

c) $21 \cdot 20 \cdot 5 =$ ....

d) $66 : 11 \cdot 14 =$ ....

e) $56 \cdot 12 =$ ....

f) $6 \cdot 20 \cdot 4 =$ ....

A3 Joachim hat Münzen gesammelt. Er hat 15 Sets mit 20 Cent Münzen aus verschiedenen Ländern. In jedem Set befinden sich 4 Münzen.   2

a) Welchen Wert hat Joachims gesamte Sammlung aus 20 Cent Münzen? ....,............. €

b) Welchen Wert haben die Münzen in einem Set? ....,............. €

oder:
www.schuelerhilfe.de
/gute-noten
CODE 7744

bearbeitet am   zu erreichende Punktzahl: 14   erreichte Punktzahl des Schülers

➡ Ab **11** erreichten Punkten kannst du zum nächsten Test übergehen.

Test **85**   Multiplikation und Division

Schwierigkeits-
grad

A1   Berechne und bestimme das Ergebnis.   11

a) 6 · 5 = ...

b) 63 : 7 = ...

c) 3 : 3 = ...

d) 9 · 4 = ...

e) −8 · −7 = ...

f) −70 : 2 = ...

g) −48 : −6 = ...

h) 4 · −4 = ...

i) −60 : 10 = ...

j) −81 : −9 = ...

k) −3 · 9 = ...

A2   Berechne.   2

a) 2 · (−4)

= ....

= ....

b) (−54) : (−6)

= ....

= ....

A3   Kontrolliere, ob die Rechnung richtig ist und korrigiere Fehler, indem du die Rechnung nochmals richtig daneben notierst.   2

a)

```
  2 0 0 : 8 = 1 5        2 0 0 : 8 =
 − 1 6
     4 0
   − 4 0
      0
```

b)

```
  2 7 2 : 8 = 3 7        2 7 2 : 8 =
 − 2 4
    3 2
  − 3 2
     0
```

oder:
www.schuelerhilfe.de
/gute-noten
CODE   7744

bearbeitet am ....   zu erreichende Punktzahl: 15   erreichte Punktzahl des Schülers ....

➡ Ab **12** erreichten Punkten kannst du zum nächsten Test übergehen.

© ZGS Bildungs-GmbH   *Mathe 3/4* · 91

Test 86 — Multiplikation und Division

Schwierigkeits-grad

A1 Berechne das Ergebnis mit den richtigen Zwischenschritten. | 8

a) $(-12) : 2 \cdot 7$

= ....

= ....

b) $250 : (-2) : (-5)$

= ....

= ....

c) $48 \cdot 2 : (-6)$

= ....

= ....

d) $22 \cdot 3 \cdot (-4)$

= ....

= ....

A2 Kreuze an, welche Rechnung richtig ist, um auf das jeweilige Ergebnis zu kommen. | 12
Auch mehrere Rechnungen können richtig sein.

a) 72 = ☐ $4 \cdot 7 + 2$ ☐ $144 : 3 + 24$ ☐ $2 \cdot 4 \cdot 9$

b) 3 = ☐ $22{,}5 \cdot 2 : 15$ ☐ $17 \cdot 6 : 34$ ☐ $11 \cdot 10 : 3$

c) 42 = ☐ $70 : 5 \cdot 3$ ☐ $54 \cdot 3 : 8$ ☐ $21 \cdot 8 : 4$

d) 16 = ☐ $63 : 14 \cdot 2$ ☐ $8 \cdot 8 : 4$ ☐ $53 \cdot 2 : 9$

A3 Berechne die schriftliche Divisionsaufgabe und führe danach eine Probe durch. | 2

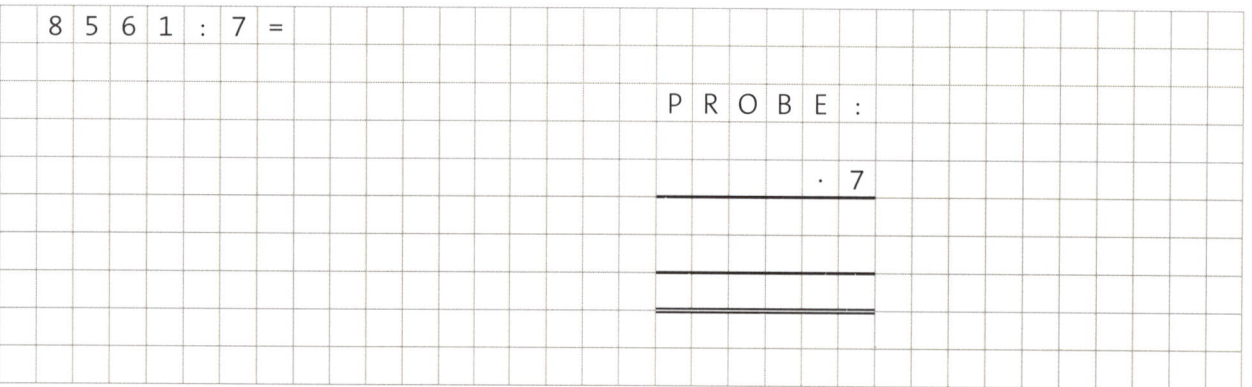

```
8 5 6 1 : 7 =
```

P R O B E :

· 7

oder:
www.schuelerhilfe.de
/gute-noten
CODE 7744

bearbeitet am   zu erreichende Punktzahl: 22   erreichte Punktzahl des Schülers

➡ Ab **18** erreichten Punkten kannst du zum nächsten Test übergehen.

© ZGS Bildungs-GmbH   *Mathe 3/4* ▪ 92

Test **87**   Multiplikation und Division

Schwierigkeits-
grad

A1   Berechne das Ergebnis. Berücksichtige dabei die Regel "Punktrechnung vor Strichrechnung".

4

a) $-7 \cdot 10 - (-36) : 9 =$ ....

b) $45 : 5 + (-72) + 64 =$ ....

c) $92 : (-2) - 49 : (-7) =$ ....

d) $63 : (-7) + 36 - (-12) : 2 =$ ....

A2   Ergänze die richtigen Rechenzeichen, um zu dem angegebenen Ergebnis zu kommen.

14

a) 180 .... 64 .... 2 .... (-34) .... $2 = 80$

b) 65 .... (-15) .... 4 .... $2 = 95$

c) -48 .... 12 .... (-40) .... 2 .... $14 = -70$

d) 431 .... 350 .... 3 .... $(-6) = 1131$

A3   Berechne die schriftliche Divisionsaufgabe und führe danach eine Probe durch.

4

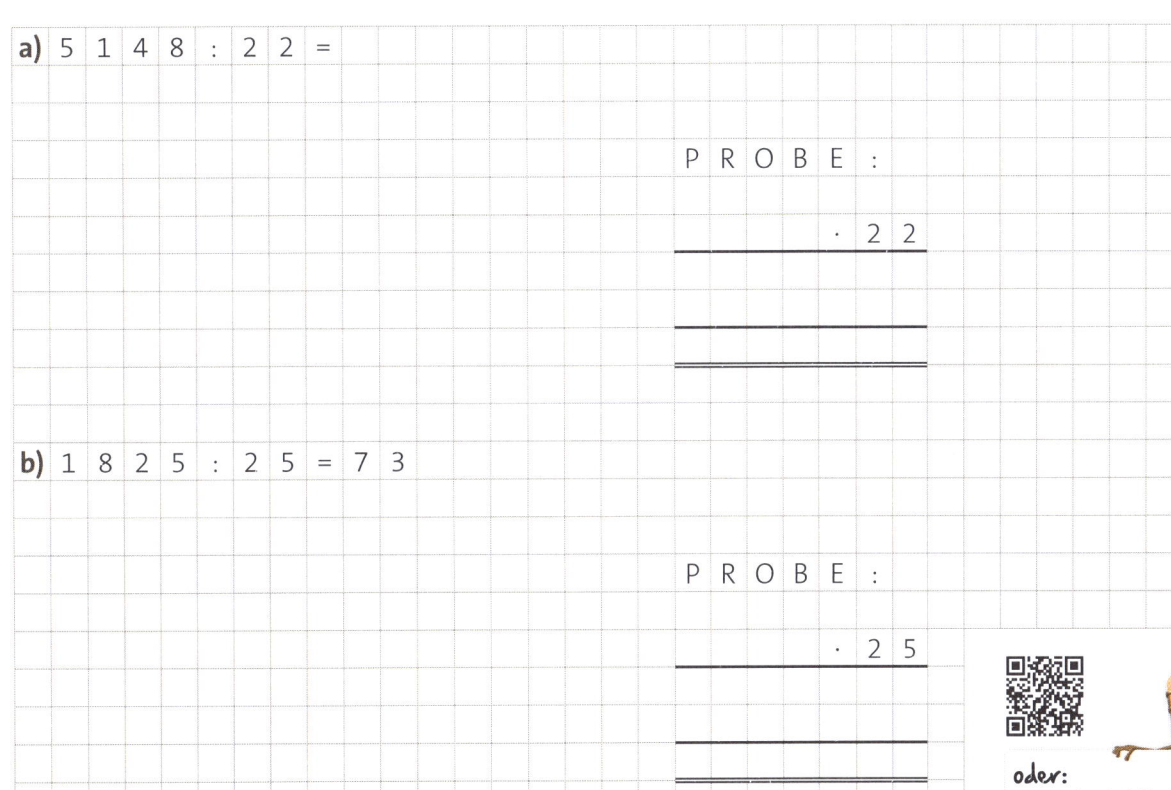

a) 5 1 4 8 : 2 2 =

P R O B E :

· 2 2

b) 1 8 2 5 : 2 5 = 7 3

P R O B E :

· 2 5

oder:
www.schuelerhilfe.de
/gute-noten
CODE   7744

bearbeitet am ....   zu erreichende Punktzahl: 22   erreichte Punktzahl des Schülers ....

➡ Ab **18** erreichten Punkten kannst du zum nächsten Test übergehen.

Test 88 Vermischte Aufgaben

Schwierigkeits-
grad

A1 Fülle den Lückentext mit Wörtern, sodass die Aussage stimmt. 7

Eine wichtige Regel in der Mathematik besagt, dass man _____ vor

_____ rechnet. Das heißt, dass man zuerst Rechnungen durchführt, die ent-

weder zur _____ oder zur _____ gehören. Danach werden

dann die beiden Rechenarten _____ und _____ durchge-

führt. Diese Regel nennt sich einfach _____ -Regel.

A2 Berechne. Beachte dabei die Punkt-vor-Strich-Regel. 8

a) $10 - 5 \cdot 2 =$ ....

b) $23 + 4 \cdot 8 =$ ....

c) $3 \cdot 7 - 20 =$ ....

d) $17 + 30 : 3 - 4 =$ ....

e) $31 - 15 - 4 \cdot 2 =$ ....

f) $15 : 3 \cdot 4 + 6 =$ ....

g) $56 - 16 : 2 =$ ....

h) $43 - 12 \cdot 3 =$ ....

A3 Armin schuldet seinem Freund Jan Geld. Er bezahlt seine Schulden mit Münzen. 3
Wie hoch sind Armins Schulden jeweils? Stelle zunächst eine Rechnung auf und
berechne dann (Hinweis: die Zahlen auf den Münzen sind jeweils in Cent angegeben).

a)
    Lösung: .... , ... €

b)
   Lösung: .... , ... €

c)
    Lösung: .... , ... €

oder:
www.schuelerhilfe.de
/gute-noten
CODE 1455

bearbeitet am _____   zu erreichende Punktzahl: 18   erreichte Punktzahl des Schülers _____

➡ Ab **14** erreichten Punkten kannst du zum nächsten Test übergehen.

Test 89 — Vermischte Aufgaben

Schwierigkeits-grad

A1 Um wie viele Schritte muss vorwärts gezählt werden? Kreuze eine mögliche Lösung an. | 4

a) von −123 bis 562 : ☐ 685 ☐ 439 ☐ 538

b) von −451 bis −264 : ☐ −187 ☐ 187 ☐ +213

c) von 356 bis 1154 : ☐ −778 ☐ 775 ☐ 798

d) von −214 bis −451 : ☐ −237 ☐ 237 ☐ |−237|

A2 Kreuze an, für welche Rechnung das jeweilige Ergebnis richtig ist. | 4

Ergebnis	Rechnung 1	Rechnung 2
a) −13	☐ $30 - 4 + 26 - 65$	☐ $32 - 4 \cdot (-5) - 65$
b) 20	☐ $5 \cdot 2 + 2 - (-2) \cdot 4$	☐ $20 \cdot 2 - (-2) \cdot 5$
c) 10	☐ $2 \cdot 2 \cdot 2 : 4 + 8$	☐ $6 \cdot 10 - 5 \cdot 10$
d) 0	☐ $6 \cdot 6 - (-3) \cdot 5$	☐ $8 + (-2) : 3$

A3 Berechne die Aufgaben schriftlich und mache die Probe. | 4
(b) Probe für a), d) Probe für c))

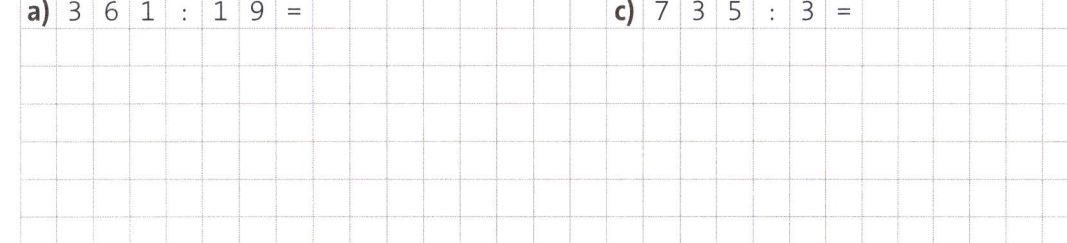
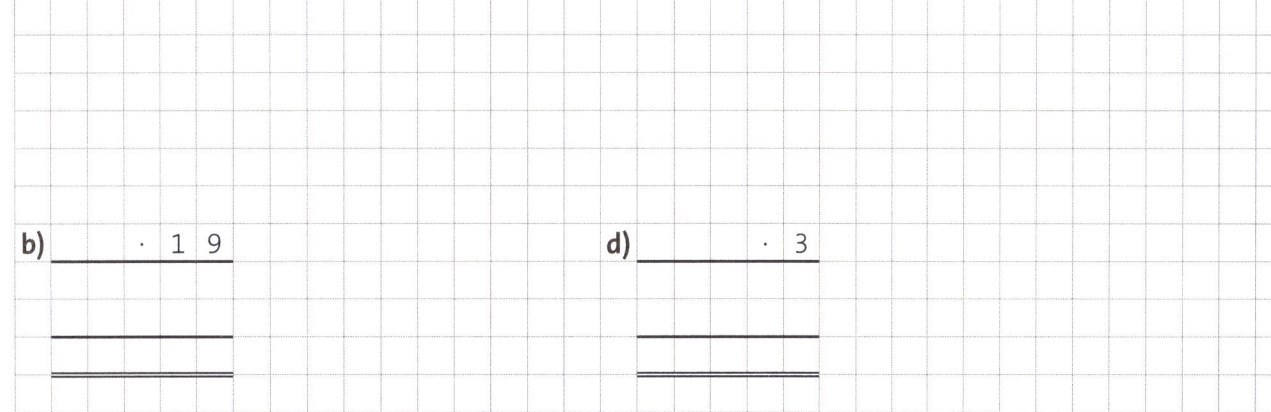

a) 3 6 1 : 1 9 =   c) 7 3 5 : 3 =

b) _____ · 1 9   d) _____ · 3

oder: www.schuelerhilfe.de /gute-noten
CODE 1455

bearbeitet am ____ zu erreichende Punktzahl: 12 erreichte Punktzahl des Schülers

➡ Ab 10 erreichten Punkten kannst du zum nächsten Test übergehen.

© ZGS Bildungs-GmbH   Mathe 3/4 • 95

Test 90 Vermischte Aufgaben

Schwierigkeits-
grad

A1 Löse die folgende Textaufgabe. `1`

Lisa und ihr Freund Alex fahren von ihrem Wohnort aus zu dem 226 km entfernten Konzert ihrer Lieblingsband. Das Pärchen legt mit ihrem Kleinwagen durchschnittlich 85 km in der Stunde zurück. Wie weit sind die beiden nach zwei Stunden Fahrt noch von dem Konzerthaus entfernt?

Rechnung: _____

A2 Berechne das Ergebnis. Beachte Punktrechnung vor Strichrechnung. `4`

a) $31 \cdot 10 - (-81) : 9 =$ _____

b) $125 : (-5) - 32 \cdot 3 =$ _____

c) $846 - 465 - 210 : (-2) + 13 =$ _____

d) $51 \cdot (-4) + 126 - 144 : (-12) =$ _____

A3 Berechne die Aufgaben schriftlich und mache die Probe. `4`
(b) Probe für a), d) Probe für c))

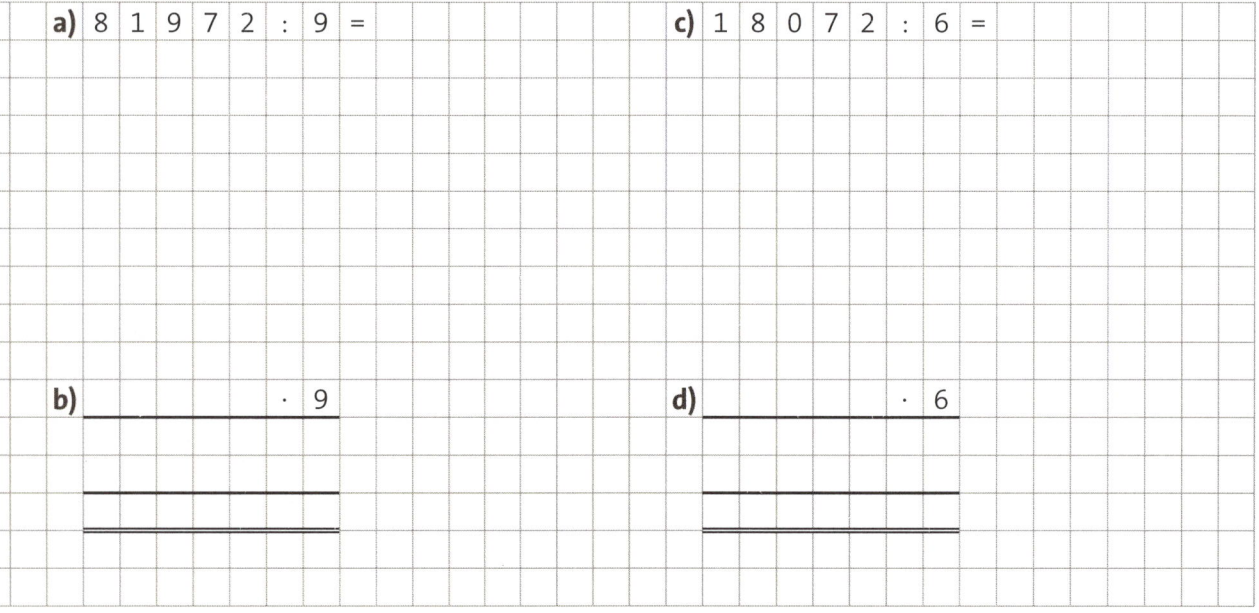

a) $8\ 1\ 9\ 7\ 2\ :\ 9\ =$

c) $1\ 8\ 0\ 7\ 2\ :\ 6\ =$

b) _____ · 9

d) _____ · 6

oder:
www.schuelerhilfe.de
/gute-noten
CODE `1455`

bearbeitet am _____   zu erreichende Punktzahl: 9   erreichte Punktzahl des Schülers _____

➡ Ab **7** erreichten Punkten kannst du zum nächsten Test übergehen.

Runden

Schwierigkeits-
grad

A1 **Runde die Zahlen auf die passende Zehnerstelle.**   6

a) 45 → ....   c) 75 → ....   e) 88 → ....

b) 65 → ....   d) 32 → ....   f) 12 → ....

A2 **Wahr oder falsch? Wurde die Zahl richtig gerundet?**   6

	Zahl	Rundung	wahr oder falsch
a)	78	80	
b)	48	40	
c)	24	20	
d)	86	90	
e)	53	40	
f)	78	90	

A3 **Wahr oder falsch? Runde nur, wenn die Rundung falsch ist.**   6

	Zahl	Rundung	wahr oder falsch	Ergebnis
a)	54	50		
b)	92	90		
c)	78	70		
d)	62	70		
e)	64	60		
f)	42	50		

oder:
www.schuelerhilfe.de
/gute-noten
CODE   **3912**

bearbeitet am ....   zu erreichen Punktzahl 18   erreichte Punktzahl des Schülers

➡ Ab 14 erreichten Punkten kannst du zum nächsten Test übergehen.

Test 92   Runden auf Zehner

Schwierigkeits-
grad

A1   Runde die Zahlen auf die passende Zehnerstelle.   6

a) 56 → ....

b) 75 → ....

c) 92 → ....

d) 62 → ....

e) 79 → ....

f) 12 → ....

A2   Wahr oder falsch? Wurde die Zahl richtig gerundet?   6

	Zahl	Rundung	wahr oder falsch
a)	95	90	
b)	42	40	
c)	96	90	
d)	46	40	
e)	35	40	
f)	75	70	

A3   Wahr oder falsch? Runde nur, wenn die Rundung falsch ist.   6

	Zahl	Rundung	wahr oder falsch	Ergebnis
a)	78	70		
b)	75	70		
c)	85	90		
d)	63	70		
e)	72	80		
f)	78	80		

oder:
www.schuelerhilfe.de
/gute-noten
CODE   3912

bearbeitet am   zu erreichende Punktzahl: 18   erreichte Punktzahl des Schülers

➡ Ab **14** erreichten Punkten kannst du zum nächsten Test übergehen.

© ZGS Bildungs-GmbH   Mathe 3/4 • 98

Test **93**   Runden auf Zehner

Schwierigkeits-
grad

A1   Runde die Zahlen auf die passende Zehnerstelle.

6

a) 92 → ....

d) 63 → ....

b) 86 → ....

e) 85 → ....

c) 53 → ....

f) 23 → ....

A2   Schreibe beide Nachbarzehner auf und bestimme die richtige Rundung.

6

	Zahl	Rundung
a)	< 85 <	
b)	< 42 <	
c)	< 76 <	
d)	< 46 <	
e)	< 35 <	
f)	< 65 <	

A3   Wahr oder falsch? Runde nur, wenn die Rundung falsch ist.

6

	Zahl	Rundung	wahr oder falsch	Ergebnis
a)	4168	4170		
b)	536	540		
c)	64	70		
d)	518	520		
e)	42	50		
f)	67	60		

oder:
www.schuelerhilfe.de
/gute-noten
CODE 3912

bearbeitet am ....   zu erreichende Punktzahl: 18   erreichte Punktzahl des Schülers ....

➡ Ab **14** erreichten Punkten kannst du zum nächsten Test übergehen.

Test 94 — Runden auf Hunderter

Schwierigkeits-
grad

A1 Versuche die Lücken zu füllen, sodass der Inhalt des Textes stimmt. | 11

Beim Runden auf Hunderter betrachtet man immer die Zahl, die an der _____-Stelle

steht. Wenn diese _____, _____, _____ oder _____ lautet, so wird _____. Ist die Zahl

eine _____ oder größer, so wird _____. Man rundet dabei auf die nächste

_____-Stelle auf oder ab. Lautet die Zahl zum Beispiel 874, so achtet

man auf die _____-Stelle, welche die Zahl _____ hat. Da die Zahl _____ als 5 ist,

wird _____, sodass die auf Hunderter gerundete Zahl _____ lautet.

A2 Runde die folgenden Zahlen auf Hunderter. Runde die Zahlen auf die passende | 12
Hunderterstelle.

a) 576 → _____

b) 131 → _____

c) 501 → _____

d) 489 → _____

e) 628 → _____

f) 470 → _____

g) 935 → _____

h) 700 → _____

i) 455 → _____

j) 823 → _____

k) 999 → _____

l) 273 → _____

A3 Welche Zahlen werden beim Runden auf Hunderter auf die gleiche | 6
Zahl gerundet? Kreuze an.

a) 300
- ☐ 270
- ☐ 333
- ☐ 249
- ☐ 315
- ☐ 230

c) 200
- ☐ 101
- ☐ 270
- ☐ 213
- ☐ 204
- ☐ 197

e) 600
- ☐ 665
- ☐ 580
- ☐ 538
- ☐ 449
- ☐ 600

b) 500
- ☐ 501
- ☐ 630
- ☐ 520
- ☐ 499
- ☐ 471

d) 800
- ☐ 809
- ☐ 848
- ☐ 739
- ☐ 779
- ☐ 763

f) 300
- ☐ 440
- ☐ 300
- ☐ 470
- ☐ 279
- ☐ 284

oder:
www.schuelerhilfe.de
/gute-noten
CODE   8216

bearbeitet am _____   zu erreichende Punktzahl: 29   erreichte Punktzahl des Schülers

➡ Ab **23** erreichten Punkten kannst du zum nächsten Test übergehen.

Test **95**   Runden auf Hunderter

Schwierigkeits-
grad

A1   Runde die Zahlen auf die passende Hunderterstelle.   12

a)   6754 → ....

b)   7891 → ....

c)   3195 → ....

d)   7531 → ....

e)   7777 → ....

f)   35 592 → ....

g)   5476 → ....

h)   2659 → ....

i)   2237 → ....

j)   6910 → ....

k)   2053 → ....

l)   4008 → ....

A2   Runde auf Hunderter. Berechne dann die Differenz zwischen der   8
ursprünglichen und der gerundeten Zahl.

a)   8455 → ....   Differenz: ....

b)   5673 → ....   Differenz: ....

c)   2345 → ....   Differenz: ....

d)   7628 → ....   Differenz: ....

e)   5556 → ....   Differenz: ....

f)   3947 → ....   Differenz: ....

g)   4768 → ....   Differenz: ....

h)   9962 → ....   Differenz: ....

A3   Wurde richtig auf Hunderter gerundet? Kreuze die richtige Antwort an   5
und runde richtig, wenn nötig.

a)   4500 → 5000   ☐ richtig ☐ falsch   Richtig: ....

b)   8901 → 9000   ☐ richtig ☐ falsch   Richtig: ....

c)   6478 → 6500   ☐ richtig ☐ falsch   Richtig: ....

d)   2056 → 2000   ☐ richtig ☐ falsch   Richtig: ....

e)   1103 → 1100   ☐ richtig ☐ falsch   Richtig: ....

oder:
www.schuelerhilfe.de
/gute-noten
CODE   8216

bearbeitet am   zu erreichende Punktzahl: 25   erreichte Punktzahl des Schülers

➡ Ab **20** erreichten Punkten kannst du zum nächsten Test übergehen.

© ZGS Bildungs-GmbH   *Mathe 3/4* ▪ 101

Test 96   Runden auf Hunderter

Schwierigkeits-
grad

A1   Runden auf Hunderter: Welche Zahl ist die kleinstmögliche, die auf die angegebene Zahl gerundet werden kann? Welche ist die größtmögliche Zahl?   10

	Gerundete Zahl	Kleinstmöglich	Größtmöglich
a)	5700		
b)	8900		
c)	4000		
d)	3300		
e)	2100		

A2   Runde die Zahlen auf die passende Hunderterstelle.   12

a)   68 305 → ....

b)   91 385 → ....

c)   99 999 → ....

d)   94 931 → ....

e)   17 648 → ....

f)   265 950 → ....

g)   74 920 → ....

h)   37 390 → ....

i)   70 000 → ....

j)   274 940 → ....

k)   38 205 → ....

l)   75 990 → ....

A3   Welche Zahlen können auf Hunderter gerundet werden?   3

a)   7800

☐ 7740   ☐ 6478
☐ 7839   ☐ 7777

b)   5000

☐ 5555   ☐ 4646
☐ 4999   ☐ 5550

c)   10 000

☐ 9999   ☐ 10 078
☐ 10 101   ☐ 10 045

oder:
www.schuelerhilfe.de
/gute-noten
CODE   8216

bearbeitet am   zu erreichende Punktzahl: 25   erreichte Punktzahl des Schülers

➡ Ab **20** erreichten Punkten kannst du zum nächsten Test übergehen.

Test **97** ▸ Runden auf Tausender

Schwierigkeits-grad

A1 Runde die Zahlen auf die passende Tausenderstelle. | 6

a) 4520 → ....

b) 6543 → ....

c) 7523 → ....

d) 3210 → ....

e) 8861 → ....

f) 920 → ....

A2 Wahr oder falsch? Wurde hier richtig gerundet? | 6

	Zahl	Rundung	wahr oder falsch
a)	7852	8000	
b)	4863	4000	
c)	2467	2000	
d)	8642	9000	
e)	5321	4000	
f)	7895	9000	

A3 Wahr oder falsch? Runde nur, wenn die Rundung falsch ist. | 6

	Zahl	Rundung	wahr oder falsch	Ergebnis
a)	5423	5000		
b)	9232	9000		
c)	7822	7000		
d)	6232	7000		
e)	6412	6000		
f)	4235	5000		

oder:
www.schuelerhilfe.de
/gute-noten
CODE 5941

bearbeitet am .... zu erreichende Punktzahl: 18 erreichte Punktzahl des Schülers ....

➥ Ab **14** erreichten Punkten kannst du zum nächsten Test übergehen.

Test 98 **Runden auf Tausender**

Schwierigkeits-
grad

A 1 Runde die Zahlen auf die passende Tausenderstelle.

6

a) 5621 → ....

b) 7513 → ....

c) 9243 → ....

d) 6211 → ....

e) 7561 → ....

f) 1235 → ....

A 2 Wahr oder falsch? Wurde hier richtig gerundet?

6

	Zahl	Rundung	wahr oder falsch
a)	9563	9000	
b)	4256	4000	
c)	9621	9000	
d)	4624	4000	
e)	3551	4000	
f)	7516	7000	

A 3 Wahr oder falsch? Runde nur, wenn die Rundung falsch ist.

6

	Zahl	Rundung	wahr oder falsch	Ergebnis
a)	7894	7000		
b)	7852	8000		
c)	8562	8000		
d)	6320	7000		
e)	7230	7000		
f)	7892	7000		

oder:
www.schuelerhilfe.de
/gute-noten
CODE 5941

bearbeitet am   zu erreichende Punktzahl: 18   erreichte Punktzahl des Schülers

➡ Ab **14** erreichten Punkten kannst du zum nächsten Test übergehen.

© ZGS Bildungs-GmbH   *Mathe 3/4* · 104

Test 99 Runden auf Tausender

Schwierigkeits-grad ▨ ▨ ▨

A1 Runde die Zahlen auf die passende Tausenderstelle. `6`

a) 9252 → ....

b) 8621 → ....

c) 5321 → ....

d) 6321 → ....

e) 8561 → ....

f) 2314 → ....

A2 Schreibe beide Nachbartausender auf und bestimme die richtige Rundung. `6`

Zahl	Rundung
a)	< 8563 <	
b)	< 4256 <	
c)	< 7621 <	
d)	< 4624 <	
e)	< 3551 <	
f)	< 6516 <	

A3 Wahr oder falsch? Runde nur, wenn die Rundung falsch ist. `6`

	Zahl	Rundung	wahr oder falsch	Ergebnis
a)	416 894	417 000		
b)	53 652	54 000		
c)	6462	7000		
d)	51 820	52 000		
e)	4230	5000		
f)	6792	6000		

oder:
www.schuelerhilfe.de/gute-noten
CODE `5941`

bearbeitet am _____   zu erreichende Punktzahl: 18   erreichte Punktzahl des Schülers _____

➡ Ab **14** erreichten Punkten kannst du zum nächsten Test übergehen.

Uhrzeiten

Zeiteinheiten umformen

Schwierigkeits-
grad

A1 Ergänze die Lücken mit den richtigen Zahlen zu den angegebenen
Zeiteinheiten-Umrechnungen.

5

a) 1 Woche = ... Tage

b) 1 Tag = ... Stunden

c) 1 Stunde = ... Minuten

d) 1 Minute = ... Sekunden

e) 1 Stunde = ... Sekunden

A2 Setze ein: Stunden (h), Minuten (min), Sekunden (s).

5

a) Ein Schulstunde dauert 45 ....

b) Ein Kind schläft nachts 10 ....

c) Das Fußballspiel dauert 90 ....

d) Die Pause dauert 15 ....

e) 1 Stunde hat 60 .... oder auch 3600 ....

A3 Vergleiche die Zeitangaben und setze in das Kästchen < ,> oder = ein.

5

a) 2 Minuten ⬜ 120 Sekunden

b) 2 Tage ⬜ 46 Stunden

c) 1 Woche ⬜ 8 Tage

d) 2 Stunden 30 Minuten ⬜ 150 Minuten

e) 840 Sekunden ⬜ 12 Minuten

bearbeitet am .... zu erreichende Punktzahl 15 erreichte Punktzahl des Schülers ....

➡ Ab **12** erreichten Punkten kannst du zum nächsten Test übergehen.

Test **101**   Zeiteinheiten umformen

Schwierigkeits-
grad

A1   **Wie lange hat das Schwimmbad an diesen Tagen geöffnet?**   `4`

a) Montag: _____ Stunden

b) Dienstag bis Donnerstag: _____ Stunden

c) Freitag bis Samstag: _____ Stunden

d) Sonntag: _____ Stunden

Öffnungszeiten	
Montag	geschlossen
Di – Do	14 – 19 Uhr
Fr – Sa	14 – 22 Uhr
So	9 – 19 Uhr

A2   **Heute ist der 22. August und Lara hat am 26. August Geburtstag.**   `1`

Wie viele Tage sind es noch bis zum Geburtstag von Lara? Wähle die richtige Antwort:

a) 4 Tage ☐

b) 3 Tage ☐

c) 5 Tage ☐

A3   **Rechne die Stunden in Minuten sowie die Minuten in Stunden um.**   `10`

	Stunden (h)	Minuten (min)
a)	2 h	
b)		60 min
c)	3 h	
d)	4 h	
e)		30 min
f)		75 min
g)		90 min
h)	10 h	
i)		360 min
j)		1440 min

bearbeitet am _____   zu erreichen Punktzahl: 15   erreichte Punktzahl des Schülers _____

➡ Ab 12 erreichten Punkten kannst du zum nächsten Test übergehen.

Test 102   **Zeiteinheiten umformen**

Schwierigkeits-
grad

A1   **Wie lange hat das Geschäft an den angegebenen Tagen geöffnet?**   4

a) Freitag: .... Stunden

b) Mittwoch: .... Stunden

c) Samstag: .... Stunden

d) An den sechs Tagen insgesamt: .... Stunden

Öffnungszeiten
Montag, Dienstag, Donnerstag und Freitag: 9:00 – 12:00 Uhr und   13:30 – 18:30 Uhr
Mittwoch: geschlossen
Samstag: 9:30 – 12:30 Uhr

A2   **Trage Laras Nachmittagsaktivitäten in Stunden ein.**   5

Montag	Dienstag	Mittwoch	Donnerstag	Freitag
Tennis	Schwimmen	Klavier	Ballet	Fußball
von 15:00 Uhr bis 16:00 Uhr	von 16:45 Uhr bis 18:45 Uhr	von 16:30 Uhr bis 18:30 Uhr	von 15:30 Uhr bis 16:30 Uhr	von 14:00 Uhr bis 16:00 Uhr
a) .... h	**b)** .... h	**c)** .... h	**d)** .... h	**e)** .... h

A3   **Wie spät war es und wie spät wird es sein?**   6

	Vor 5 Stunden	Jetzt	In 4 Stunden
a)		16 Uhr	
b)		14 Uhr	
c)		21 Uhr	
d)		1 Uhr	
e)		5 Uhr	
f)		8 Uhr	

bearbeitet am   zu erreichende Punktzahl: 15   erreichte Punktzahl des Schülers

➡ Ab **12** erreichten Punkten kannst du zum nächsten Test übergehen.

Test **103**   Addieren und Subtrahieren von Uhrzeiten

Schwierigkeits-
grad

A1   Ergänze in der Tabelle die fehlenden Zahlen.   10

Beginn	8 Uhr	10 Uhr	11 Uhr	14 Uhr	21 Uhr
Ende	12 Uhr	17 Uhr	18 Uhr	21 Uhr	1 Uhr
Dauer					

Beginn	13 Uhr	22 Uhr	2 Uhr	9 Uhr	12 Uhr
Ende					
Dauer	5 h	7 h	22 h	5 h	3 h

A2   Löse die Additionsaufgaben. Das Ergebnis ist immer 1 h.   4

a)   15 min + ... = 1 h

b)   45 min + ... = 1 h

c)   55 min + ... = 1 h

d)   17 min + ... = 1 h

A3   Wie lange dauert es bis zur nächsten vollen Stunde?   5

a)   8:30 Uhr → .... → 9 Uhr

b)   9:45 Uhr → .... → 10 Uhr

c)   13:20 Uhr → .... → 14 Uhr

d)   21:05 Uhr → .... → 22 Uhr

e)   12:40 Uhr → .... → 13 Uhr

bearbeitet am   zu erreichende Punktzahl: 19   erreichte Punktzahl des Schülers

➡ Ab **15** erreichten Punkten kannst du zum nächsten Test übergehen.

© ZGS Bildungs-GmbH   *Mathe 3/4* ▪ 109

Test 104 Addieren und Subtrahieren von Uhrzeiten

Schwierigkeits-grad

A1 Ergänze in der Tabelle die fehlenden Zahlen. 10

Beginn	7 Uhr	4 Uhr	9:30 Uhr	8:15 Uhr	14:45 Uhr
Ende	24 Uhr	15:30 Uhr	17:30 Uhr	15:45 Uhr	21 Uhr
Dauer					
Beginn	11 Uhr	20 Uhr	1:15 Uhr	6:10 Uhr	5:45 Uhr
Ende					
Dauer	4 h 45 min	5 h 15 min	12 h 30 min	10 h 50 min	3 h 45 min

A2 Löse die Additionsaufgaben. Das Ergebnis ist immer 1 h. 4

a) 18 min + _____ = 1 h

b) 40 min + _____ = 1 h

c) 25 min + _____ = 1 h

d) 59 min + _____ = 1 h

A3 Robin geht mit seinem Freund Chris ins Kino. Der Film beginnt um 17 Uhr. 1
Um 16:30 Uhr holt Robin Chris Zuhause ab. Um 16:50 Uhr kommen sie am Kino an.

Wie lange brauchen die beiden für den Weg?

....

bearbeitet am   zu erreichende Punktzahl: 15   erreichte Punktzahl des Schülers

➡ Ab **12** erreichten Punkten kannst du zum nächsten Test übergehen.

Test **105**   Addieren und Subtrahieren von Uhrzeiten

Schwierigkeits-
grad

A1   **Löse die Additionsaufgaben. Das Ergebnis ist immer 1 h.**   4

a) 23 min + ... = 1 h

b) 49 min + ... = 1 h

c) 51 min + ... = 1 h

d)   3 min + ... = 1 h

A2   **Robin geht mit seinem Freund Chris ins Kino. Der Film beginnt um 17 Uhr.**   1
Um 16:23 Uhr holt Robin Chris Zuhause ab. Sie brauchen 18 Minuten für den Weg
zum Kino. Nach weiteren 7 Minuten sitzen sie auf ihren Plätzen im Kinosaal.

Wie lange brauchen beide für den Weg von Chris Zuhause bis sie auf ihren Plätzen im Kinosaal
insgesamt?

....

A3   **Lisa ist heute um 15 Uhr mit ihrer Freundin Mona verabredet.**   3
Jetzt ist es 12:30 Uhr. Für den Weg zu Mona benötigt Lisa 35 Minuten.
Sie wird dort bis 18:15 Uhr bleiben.

a) Wann muss Lisa Zuhause loslaufen, um rechtzeitig bei Mona zu sein?

....

b) Wie viel Zeit bleibt ihr, bis sie loslaufen muss?

....

c) Wie lange bleibt Lisa bei Mona?

....

bearbeitet am   zu erreichende Punktzahl: 8   erreichte Punktzahl des Schülers

➡ Ab **6** erreichten Punkten kannst du zum nächsten Test übergehen.

Test **106**   **Addieren und Subtrahieren von Uhrzeiten**

Schwierigkeits-grad

A1   **Ergänze die Tabelle.**   20

Zeit	1 h	2 h	3 h	4 h	5 h
Minuten	a)	b)	c)	d)	e)

Zeit	6 h	10 h	½ h	12 h	0,25 h
Minuten	f)	g)	h)	i)	j)

Zeit	1 min	2 min	3 min	4 min	5 min
Sekunden	k)	l)	m)	n)	o)

Zeit	6 min	10 min	½ min	20 min	38 min
Sekunden	p)	q)	r)	s)	t)

A2   **Wie viele Flügelschläge haben die Vögel pro Minute? Berechne und ergänze die Tabelle.**   5

Vogelart	Flügelschläge pro Sekunde	Flügelschläge pro Minute
Kolibri	45	a)
Storch	2	b)
Wanderfalke	4	c)
Blässhuhn	6	d)
Haussperling	13	e)

bearbeitet am   zu erreichende Punktzahl: 20   erreichte Punktzahl des Schülers

➡ Ab **20** erreichten Punkten kannst du zum nächsten Test übergehen.

© ZGS Bildungs-GmbH   *Mathe 3/4* ▪ 112

Test 107 ▸ **Addieren und Subtrahieren von Uhrzeiten**

Schwierigkeits-
grad

A1 Ergänze die Tabelle. 9

Zeit	30 min	1 h	$\frac{1}{2}$ h	8 h	$\frac{1}{4}$ h
Sekunden	a)	b)	c)	d)	e) ....

Zeit	2 h	1 Tag	$\frac{1}{2}$ Tag	10 min
Sekunden	f)	g)	h)	i) ....

A2 Wie spät war es? Ergänze in den Lücken die fehlenden Zahlen. 8

Jetzt ist es 01:45 Uhr. Wie spät war es ...

a) ... vor 3 Stunden? .... : .... Uhr

b) ... vor 15 Minuten? .... : .... Uhr

c) ... vor 8 Stunden? .... : .... Uhr

d) ... vor 45 Minuten? .... : .... Uhr

Jetzt ist es 15 Uhr. Wie spät war es ...

e) ... vor 3 Stunden? .... : .... Uhr

f) ... vor 15 Minuten? .... : .... Uhr

g) ... vor 8 Stunden? .... : .... Uhr

h) ... vor 45 Minuten? .... : .... Uhr

A3 Berechne und gib die Lösungen in Minuten an. 10

a) 1 h + 2 h = ...

b) 1 h + 4 h = ...

c) 4 h + 30 min = ...

d) $5\frac{1}{2}$ h + 30 min = ...

i) $2\frac{1}{2}$ h $-\frac{1}{2}$ h = ...

j) 120 min − 1 h = ...

e) 10 h + 0 h = ...

f) 160 min + $2\frac{1}{2}$ h = ...

g) 70 min + 70 min = ...

h) 4 h − 3 h = ...

bearbeitet am ....   zu erreichende Punktzahl: 27   erreichte Punktzahl des Schülers

➡ Ab **21** erreichten Punkten kannst du zum nächsten Test übergehen.

Test 108 — Addieren und Subtrahieren von Uhrzeiten

Schwierigkeits-grad

A1 Wie spät war es? Ergänze in den Lücken die fehlenden Zahlen. | 8

Jetzt ist es 12:00 Uhr. Wie spät war es …

a) … vor 10 Minuten? _____ : _____ Uhr

b) … vor 15 Minuten? _____ : _____ Uhr

c) … vor 8 Stunden _____ : _____ Uhr

d) … vor 45 Minuten? _____ : _____ Uhr

Jetzt ist es 22:20 Uhr. Wie spät war es …

e) … vor 10 Minuten? _____ : _____ Uhr

f) … vor 15 Minuten? _____ : _____ Uhr

g) … vor 8 Stunden? _____ : _____ Uhr

h) … vor 45 Minuten? _____ : _____ Uhr

A2 Berechne und gib die Ergebnisse in Minuten an. | 10

a) $2\,h + 3\frac{1}{2}\,h =$ _____

b) $10\,h + 5\,h =$ _____

c) $60\,min + 8\frac{1}{4}\,h =$ _____

d) $8\frac{1}{2}\,h + 4\frac{1}{4}\,h =$ _____

e) $200\,min + 2\frac{3}{4}\,h =$ _____

f) $280\,min + 140\,min =$ _____

g) $1\,min + 20\,min + 3\frac{1}{2}\,h =$ _____

h) $4\frac{1}{4}\,h + 5\frac{1}{2}\,h =$ _____

i) $35\,min + 3\frac{1}{4}\,h =$ _____

j) $50\,min + 3\frac{1}{4}\,h =$ _____

A3 Berechne und gib die Ergebnisse in Minuten an. | 10

a) $4\,h - 2\,h =$ _____

b) $3\frac{1}{2}\,h - 2\frac{1}{4}\,h =$ _____

c) $2\frac{1}{2}\,h - 1\frac{1}{2}\,h =$ _____

d) $120\,min - 1\frac{1}{2}\,h =$ _____

e) $10\,h - 4\frac{1}{4}\,h =$ _____

f) $80\,min - 5\,min =$ _____

g) $13\frac{1}{4}\,h - 3\frac{3}{4}\,h =$ _____

h) $180\,min - 2\,h =$ _____

i) $180\,min - 3\,h =$ _____

j) $2\frac{1}{4}\,h - 1\frac{3}{4}\,h =$ _____

bearbeitet am _____   zu erreichende Punktzahl: 28   erreichte Punktzahl des Schülers _____

➥ Ab 22 erreichten Punkten kannst du zum nächsten Test übergehen.

Test 109   Sachaufgaben zu Uhrzeiten

Schwierigkeits-
grad

A1 Du hast dich mit deinen Freunden zum Spielen verabredet. Ihr seid 30 Minuten   3
mit dem Fahrrad gefahren, habt 60 Minuten Verstecken gespielt und wart 90 Minuten
im Wald klettern.

a) Wie viele Minuten hast du mit deinen Freunden gespielt?

....

b) Wann seid ihr nach Hause gegangen, wenn ihr euch um 15:30 Uhr getroffen habt?

....

c) Du musst 15 Minuten mit dem Fahrrad zum Treffpunkt fahren. Wann musstest du losfahren,
um pünktlich um 15:30 Uhr da zu sein?

....

A2 Ihr habt 45 Minuten Zeit für die Bearbeitung eurer Mathearbeit zur   3
Verfügung, die Arbeit besteht aus drei leichten und zwei schwierigen Aufgaben.

a) Wie viele Minuten benötigst du für die Bearbeitung, wenn du fünf Minuten für die leichten
Aufgaben und zehn Minuten für die schwierigen Aufgaben benötigst?

....

b) Wie viele weitere leichte Aufgaben würdest du in der vorgegebenen Zeit noch schaffen?

....

c) Um wie viel Uhr bist du mit der Arbeit fertig, wenn diese um 10:45 Uhr anfängt?

....

bearbeitet am   zu erreichende Punktzahl: 6   erreichte Punktzahl des Schülers

➡ Ab 4 erreichten Punkten kannst du zum nächsten Test übergehen.

Test 110   Sachaufgaben zu Uhrzeiten

Schwierigkeits-
grad

A1   Die Sonne geht jeden zweiten Tag eine Minute eher auf, am 3. Februar geht die Sonne um 07:42 Uhr auf.

3

a) Um wieviel Uhr geht die Sonne am 25. Februar auf?

b) Wie viele Minuten geht die Sonne am 25. Februar eher auf?

c) An welchem Tag geht die Sonne um 07:30 Uhr auf?

A2   Dein Vater braucht 2 Minuten, um eine E-Mail abzuarbeiten.
Nach seinem Urlaub hat er 160 E-Mails in seinem E-Mail-Postfach vorliegen.

3

a) Wie viele Minuten benötigt er, um alle E-Mails abzuarbeiten?

b) Wann ist er fertig, wenn er um 08:30 Uhr angefangen hat und und zwischendurch eine 15-minütige Frühstückspause macht?

c) In der Zeit der Abarbeitung empfängt er weitere zehn E-Mails, wann kann er seine Mittagspause machen, wenn er auch diese neuen E-Mails noch vor seiner Mittagspause abarbeiten möchte?

---

bearbeitet am   zu erreichende Punktzahl: 6   erreichte Punktzahl des Schülers

➡ Ab **4** erreichten Punkten kannst du zum nächsten Test übergehen.

Test 111   Sachaufgaben zu Uhrzeiten

Schwierigkeits-
grad

A1   Der Schulbus zur Grundschule fährt um 06:30 Uhr am Busdepot los.
Nach fünf Minuten holt er die ersten Schüler ab. Anschließend fährt der Bus alle
zehn Minuten acht weitere Haltestellen an und für den Weg der letzten Haltestelle
zur Schule benötigt der Bus weitere fünf Minuten.

3

a)   Um wie viel Uhr kommt der Bus an der Schule an?

b)   Um wie viel Uhr wird die dritte Gruppe Schüler abgeholt?

c)   Der Bus-Route werden zwei zusätzliche neue Haltestellen hinzugefügt. Wie lange braucht
der Bus jetzt insgesamt vom Busdepot zur Grundschule, wenn die Strecken zwischen den
einzelnen Stationen nachwievor jeweils 10 Minuten benötigen.

A2   Das Treffen für das Fußballspiel ist um 12:30 Uhr, das Spiel beginnt um
13:00 Uhr, die beiden Spielphasen des Fußballspiels dauern jeweils 25 Minuten,
die Pause dauert zehn Minuten, zum Umziehen brauchst du 15 Minuten.

3

a)   Um wie viel Uhr kann dich deine Mutter vom Fußballplatz abholen?

b)   Wann ist die erste Halbzeit des Fußballspiels vorbei?

c)   Ihr braucht zehn Minuten für die Fahrt zum Fußballplatz, ihr sollt noch einen Freund
mitnehmen, hierfür macht ihr einen Umweg von fünf Minuten, wann müsst ihr losfahren,
um pünktlich zum Treffen anzukommen.

---

bearbeitet am   zu erreichende Punktzahl: 6   erreichte Punktzahl des Schülers

➡ Ab **4** erreichten Punkten kannst du zum nächsten Test übergehen.

Abschlusstest

Themenblock Grundrechenarten – Addition:

A1 Ergänze die Tabelle.   10

+	2379	428	3624	928	19
503					
4528					

A2 Sind die Lösungen richtig? Kreuze an und berichtige, wenn nötig.   3

a) 73 + 10 + 57 = 150   ☐ richtig   ☐ falsch   Richtig: ....

b) 92 + 18 + 61 = 171   ☐ richtig   ☐ falsch   Richtig: ....

c) 363 + 72 + 4 = 451   ☐ richtig   ☐ falsch   Richtig: ....

Themenblock Grundrechenarten – Subtraktion:

A3 Löse folgende Textaufgaben.   4

a) Ein Bauer hat 850 Kartoffeln und verkauft 425 davon. Wie viele Kartoffeln hat er noch?

Antwort: ....

b) Ein Bauer hat 340 Kühe auf der Weide stehen. 128 verkauft er an einen anderen Bauern.
Wie viele Kühe hat er dann noch? Antwort: ....

c) Ein Bauer besitzt 8 Rasenmäher und 812 Liter Benzin. Er hilft einem anderen Bauern indem er
ihm 320 Liter Benzin schenkt. Wie viel Benzin hat er noch?

Antwort: ....

d) Ein Maler besitzt 281 Eimer Farbe und verbraucht 142 Eimer. Wie viele Eimer Farbe hat er noch?

Antwort: ....

Test 112   **Abschlusstest – Teil 2 von 3**

A4   **Löse folgende Aufgaben.**   6

a)   32 370 – 20 410 – 1520 = ...

b)   80 940 – 42 213 – 1645 = ...

c)   90 366 – 3210 – 41 452 = ...

d)   81 800 – 14 359 – 20 500 = ...

e)   97 154 – 35 801 – 17 221 = ...

f)   59 364 – 13 530 – 20 732 = ...

Themenblock Grundrechenarten – Multiplikation:

A5   **Löse die Aufgaben schriftlich.**   4

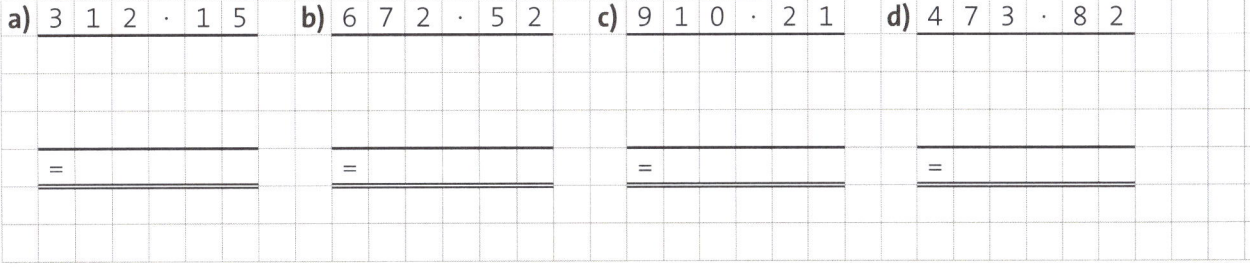

a)   3 1 2 · 1 5   b)   6 7 2 · 5 2   c)   9 1 0 · 2 1   d)   4 7 3 · 8 2

A6   **Trage die richtigen Zahlen in die Lücken ein.**   2

a)   Eine Schule hat 462 Schüler. Für einen Ausflug müssen für jeden Schüler 18 € bezahlt werden. Insgesamt muss die Schule .... € bezahlen.

b)   Lena fährt jeden Tag 16 km mit dem Bus. In einem Jahr (365 Tage) legt sie .... km mit dem Bus zurück.

Themenblock Grundrechenarten – Division:

A7   **Löse die Aufgaben schriftlich.**   4

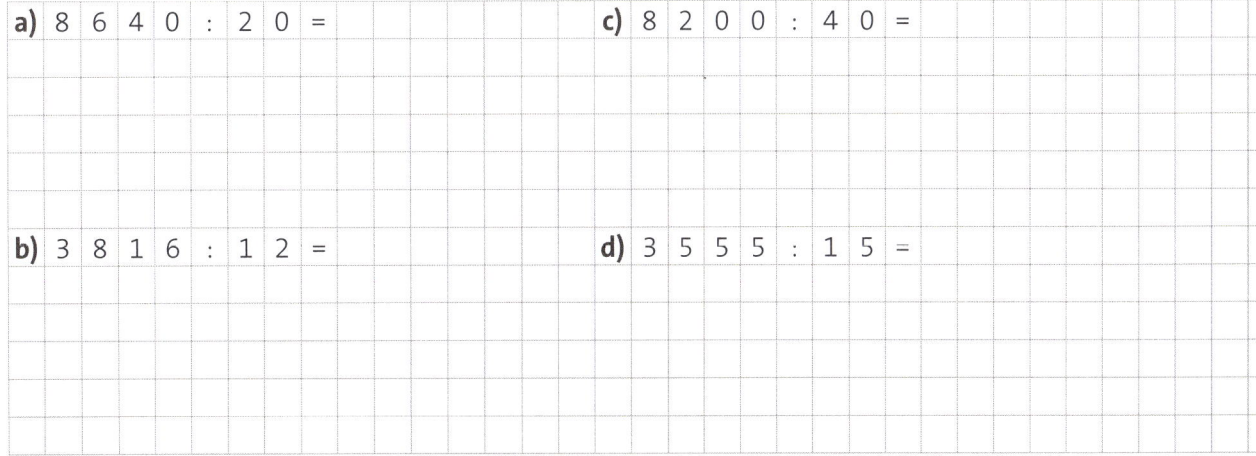

a)   8 6 4 0 : 2 0 =   c)   8 2 0 0 : 4 0 =

b)   3 8 1 6 : 1 2 =   d)   3 5 5 5 : 1 5 =

A 8   **Löse folgende Textaufgaben.** | 2 |

a)   Ein Händler kauft 125 Paar Schuhe für 9875 €. Wie teuer sind dann ein Paar Schuhe?

Antwort: ....

b)   Paula hat in 4 Tagen 472 Kekse gebacken. Wie viele Kekse pro Tag hat sie gebacken?

Antwort: ....

Themenblock Punktrechnung vor Strichrechnung:

A 9   **Löse die Aufgaben. Beachte dabei die Regel „Punkt vor Strich".** | 5 |

a) $45 \cdot 362 + 578 - 8450 : 50 =$ ....

b) $3470 - 12 \cdot 150 + 630 : 210 =$ ....

c) $8500 - 9000 : 900 + 120 \cdot 5 =$ ....

d) $120 \cdot 60 - 60 \cdot 110 + 360 : 60 =$ ....

e) $530 + 70 : 35 - 3630 : 30 + 89 =$ ....

Themenblock Addition und Subtraktion:

A 10   **In deinem Schlafzimmer steht ein Wäschekorb mit 28 Kleidungsstücken. Deine Mutter nimmt 5 Hosen heraus, um diese zu bügeln. Du nimmst ein Oberteil und eine Hose, um dich anzuziehen, weil du gleich zur Schule musst. Deine Schwester nimmt ein Oberteil heraus und deine Mutter legt 2 Hosen wieder zurück, weil sie es nicht mehr geschafft hat, sie zu bügeln. Wie viele Kleidungsstücke liegen dann im Korb?** | 1 |

Rechnung: ....

Antwort: ....

Test 1 – Die Addition bis 100

A1 6 Punkte

a) $30 + 10 + 5 = 40 + 5 = 45$

b) $20 + 1 + 8 = 20 + 9 = 29$

c) $10 + 7 + 50 = 60 + 7 = 67$

d) $80 + 10 + 6 = 90 + 6 = 96$

e) $40 + 30 + 2 = 70 + 2 = 72$

f) $70 + 8 + 20 = 90 + 8 = 98$

A2 6 Punkte

a) C   d) F

b) A   e) B

c) D   f) E

A3 5 Punkte

a) 0   d) 83

b) 38   e) 20

c) 20

Test 2 – Die Addition bis 100

A1 6 Punkte

a) $10 + 9 + 20 + 4 = 30 + 13 = 43$

b) $70 + 7 + 20 + 1 = 90 + 8 = 98$

c) $50 + 4 + 40 + 5 = 90 + 9 = 99$

d) $60 + 9 + 10 + 4 = 70 + 13 = 83$

e) $30 + 7 + 30 + 7 = 60 + 14 = 74$

f) $40 + 2 + 20 + 5 = 60 + 7 = 67$

A2 6 Punkte

a) 43   d) 100

b) 68   e) 75

c) 80   f) 100

A3 4 Punkte

a) falsch   c) richtig

b) richtig   d) falsch

Test 3 – Die Addition bis 100

A1 3 Punkte

a) $25 + 17 + 17 = 59$

b) $28 + 29 + 32 = 89$

c) $18 + 18 + 18 = 54$

A2 6 Punkte

a) 100   d) 35

b) 95   e) 91

c) 92   f) 48

A3 6 Punkte

a) falsch; 43

b) falsch; 78

c) richtig

d) falsch; 90

e) falsch; 48

f) falsch; 45

Test 4 – Die Addition bis 1000

A 1 5 Punkte

a) 480

b) 423

c) 933

d) 377

e) 999

A 2 15 Punkte

+	200	50	400	300	420
300	500	350	700	600	720
345	545	395	745	645	765
420	620	470	820	720	840

Test 5 – Die Addition bis 1000

A 1 15 Punkte

+	111	44	555	77	444
300	411	344	855	377	744
345	456	389	900	422	789
420	531	464	975	497	864

A 2 15 Punkte

+	180	21	33	524	510
192	372	213	225	716	702
425	605	446	458	949	935
111	291	132	144	635	621

+	267	523	417	124	52
335	602	858	752	459	387
95	362	618	512	219	147
42	309	565	459	166	94

Test 6 – Die Addition bis 1000

A1 15 Punkte

+	115	441	570	77	424
155	270	596	725	232	579
257	372	698	827	334	681
428	543	869	998	505	852

A2 15 Punkte

+	195	216	234	462	21
180	375	396	414	642	201
466	661	682	700	928	487
133	328	349	367	595	154

A3 15 Punkte

+	268	422	324	124	528
337	605	759	661	461	865
160	428	582	484	284	688
62	330	484	386	186	590

Test 7 – Die Addition bis 100 000

A 1   4 Punkte

a) 94 400

c) 38 200

b) 58 400

d) 99 330

A 2   4 Punkte

a) <

c) >

b) =

d) >

A 3   4 Punkte

a) 57 578

c) 67 918

b) 47 221

d) 75 533

Test 8 – Die Addition bis 100 000

A 1   4 Punkte

a) 50 000

c) 82 112

b) 43 451

d) 54 933

A 2   4 Punkte

a) <

c) <

b) =

d) >

A 3   4 Punkte

a) 47 017

c) 84 544

b) 86 019

d) 83 440

Test 9 – Die Addition bis 100 000

A 1   4 Punkte

a) 59 021

c) 76 039

b) 98 423

d) 87 221

A 2   6 Punkte

a) $13\,643 + 3982 = 17\,625$

b) $69\,609 + 19\,015 = 88\,624$

c) $1596 + 12\,948 = 14\,544$

d) $28\,661 + 17\,651 = 46\,312$

e) $87\,373 + 1806 = 89\,179$

f) $60\,806 + 24\,534 = 85\,340$

Test 10 – Die schriftliche Addition

A 1   5 Punkte

a) 68

d) 78

b) 77

e) 95

c) 89

A 2   2 Punkte

a) 236

b) 341

A 3   3 Punkte

a) 889

b) 556

c) 997

Test 11 – Die schriftliche Addition

A1 4 Punkte

a) 878   c) 496

b) 659   d) 947

A2 3 Punkte

a) 423; 144; 231

b) 211; 322; 16

c) 504; 172; 321

A3 4 Punkte

1) b) 1649

2) d) 2277

3) a) 1265

4) d) 2672

Test 12 – Die schriftliche Addition

A1 4 Punkte

a) 12 325   c) 14 917

b) 21 440   d) 19 114

A2 3 Punkte

a) 27 185

b) 17 851

c) 24 088

A3 2 Punkte

a) 6778

b) 9834

Test 13 – Die schriftliche Addition

A1 20 Punkte

a) 267   k) 829

b) 764   l) 131

c) 445   m) 303

d) 445   n) 233

e) 360   o) 406

f) 177   p) 695

g) 131   q) 888

h) 289   r) 771

i) 544   s) 291

j) 175   t) 918

A2 1 Punkt

168 cm

Test 14 – Die schriftliche Addition

A1 20 Punkte

a) 465   k) 302

b) 598   l) 348

c) 642   m) 584

d) 592   n) 555

e) 953   o) 560

f) 485   p) 950

g) 689   q) 824

h) 774   r) 549

i) 687   s) 664

j) 683   t) 396

A2 1 Punkt

300 Schüler

Test 15 – Die schriftliche Addition

A1 16 Punkte

a) 1179

b) 1425

c) 812

d) 1635

e) 1485

f) 1046

g) 864

h) 1166

i) 1197

j) 1163

k) 1076

l) 1172

m) 788

n) 1180

o) 1123

p) 1070

A2 1 Punkt

151 Tiere

Test 16 – Die Addition in Sachaufgaben

A1 1 Punkt

20 €

A2 2 Punkte

a) 15 Stunden

b) 95 €

A3 2 Punkte

a) 37 Blumen

b) 59 Blumen

Test 17 – Die Addition in Sachaufgaben

A1 3 Punkte

a) 562 Bäume

b) 90 Bäume

c) Ja

A2 4 Punkte

a) 36 Jahre

b) 40 Jahre

c) 85 Jahre

d) Vater: 25 Jahre; Mutter: 21 Jahre; Opa: 70 Jahre

A3 5 Punkte

a) Mannschaft C

b) Mannschaft A

c) Mannschaft B

d) Läufer 3 aus Mannschaft C

e) 2368 Sekunden oder 39 Minuten und 28 Sekunden

Test 18 – Die Addition in Sachaufgaben

A1 1 Punkt

610 Kilometer

A2 1 Punkt

143 €

A3 3 Punkte

a) 69 274 Kekse

b) Ja

c) 36 684 Kekse

Test 19 – Die Subtraktion bis 100

A1 14 Punkte

a) 10
b) 15
c) 22
d) 42
e) 16
f) 50
g) 77
h) 25
i) 45
j) 7
k) 5
l) 32
m) 55
n) 13

A2 6 Punkte

a) 10
b) 18
c) 11
d) 21
e) 46
f) 41

A3 8 Punkte

a) 72
b) 66
c) 11
d) 47
e) 41
f) 47
g) 32
h) 15

Test 20 – Die Subtraktion bis 100

A1 8 Punkte

a) 10
b) 50
c) 44
d) 32
e) 26
f) 20
g) 22
h) 66

A2 6 Punkte

a) 3
b) 15
c) 2
d) 9
e) 16
f) 18

A3 5 Punkte

a) 5 Kartoffeln
b) 67 Kühe
c) 54 Liter Benzin
d) 18 Eimer Farbe
e) 6 Angestellte

Test 21 – Die Subtraktion bis 100

A1 8 Punkte

a) 11
b) 51
c) 27
d) 27
e) 10
f) 0
g) 5
h) 12

A2 6 Punkte

a) 3
b) 3
c) 42
d) 0
e) 2
f) 1

A3 5 Punkte

a) 27 Kartoffeln
b) 47 Kühe
c) 24 Liter Benzin
d) 21 Eimer Farbe
e) 5 Angestellte

Test 22 – Die Subtraktion bis 1000

A1 7 Punkte

a) 285   e) 85

b) 112   f) 55

c) 195   g) 556

d) 108

A2 6 Punkte

a) 378   d) 181

b) 185   e) 422

c) 111   f) 98

A3 8 Punkte

a) 692   e) 108

b) 636   f) 457

c) 1   g) 282

d) 207   h) 235

Test 23 – Die Subtraktion bis 1000

A1 8 Punkte

a) 10   e) 366

b) 200   f) 140

c) 84   g) 352

d) 184   h) 56

A2 6 Punkte

a) 48   d) 358

b) 40   e) 116

c) 52   f) 118

A3 5 Punkte

a) 325 Kartoffeln   d) 158 Eimer Farbe

b) 273 Kühe   e) 71 Angestellte

c) 224 Liter Benzin

Test 24 – Die Subtraktion bis 1000

A1 8 Punkte

a) 22   e) 126

b) 58   f) 40

c) 77   g) 138

d) 176   h) 292

A2 6 Punkte

a) 50   d) 125

b) 83   e) 228

c) 814   f) 101

A3 5 Punkte

a) 153 Kartoffeln   d) 221 Eimer Farbe

b) 97 Kühe   e) 91 Angestellte

c) 4 Liter Benzin

Test 25 – Die Subtraktion bis 100 000

A1 7 Punkte

a) 10 000

b) 14 565

c) 3300

d) 45 000

e) 7705

f) 54 370

g) 9556

A2 6 Punkte

a) 1252

b) 732

c) 25 950

d) 51 981

e) 42 111

f) 32 287

A3 8 Punkte

a) 10 692

b) 77 633

c) 1411

d) 79 246

e) 15 198

f) 45 885

g) 23 996

h) 1

Test 26 – Die Subtraktion bis 100 000

A1 8 Punkte

a) 5010

b) 58 000

c) 9188

d) 1269

e) 14 262

f) 19 000

g) 15 386

h) 3656

A2 6 Punkte

a) 4295

b) 12 393

c) 6855

d) 10 548

e) 37 349

f) 7672

A3 5 Punkte

a) 14 889 Kartoffeln

b) 58 715 Kühe

c) 18 459 Liter Benzin

d) 16 088 Eimer Farbe

e) 2101 Angestellte

Test 27 – Die Subtraktion bis 100 000

A 1 8 Punkte

a) 67

b) 14 628

c) 2177

d) 92 126

e) 30 836

f) 50 040

g) 21 120

h) 13 552

A 2 6 Punkte

a) 47 420

b) 28 593

c) 62 914

d) 3155

e) 4228

f) 10 381

A 3 5 Punkte

a) 25 415 Kartoffeln

b) 18 967 Kühe

c) 49 814 Liter Benzin

d) 37 309 Eimer Farbe

e) 98 831 Angestellte

Test 28 – Die schriftliche Subtraktion

A 1 18 Punkte

a) 12

b) 28

c) 33

d) 112

e) 183

f) 680

g) 531

h) 288

i) 171

j) 31

k) 272

l) 222

m) 123

n) 188

o) 174

p) 377

q) 22

r) 659

Test 29 – Die schriftliche Subtraktion

A 1 16 Punkte

a) 1125

b) 6295

c) 3378

d) 6057

e) 4198

f) 428

g) 1875

h) 1359

i) 896

j) 612

k) 712

l) 293

m) 335

n) 1359

o) 2246

p) 846

Test 30 – Die schriftliche Subtraktion

A1 16 Punkte

a)	30 785	**i)**	16 557
b)	15 945	**j)**	6418
c)	16 375	**k)**	2069
d)	48 664	**l)**	2021
e)	30 854	**m)**	13 461
f)	10 069	**n)**	5099
g)	5461	**o)**	33 959
h)	1001	**p)**	9511

Test 31 – Die schriftliche Subtraktion

A1 15 Punkte

a)	112	**i)**	185
b)	312	**j)**	164
c)	117	**k)**	135
d)	172	**l)**	115
e)	650	**m)**	111
f)	26	**n)**	645
g)	126	**o)**	211
h)	726		

A2 1 Punkt

41 Jahre

Test 32 – Die schriftliche Subtraktion

A1 15 Punkte

a)	243	**i)**	116
b)	331	**j)**	511
c)	199	**k)**	2
d)	200	**l)**	184
e)	1	**m)**	132
f)	431	**n)**	609
g)	111	**o)**	179
h)	316		

A2 1 Punkt

19 cm

Test 33 – Die schriftliche Subtraktion

A1 15 Punkte

a)	182	**i)**	536
b)	873	**j)**	799
c)	256	**k)**	222
d)	469	**l)**	293
e)	129	**m)**	101
f)	90	**n)**	524
g)	394	**o)**	345
h)	118		

A2 1 Punkt

716 km

Test 34 – Das kleine Einmaleins

A 1 14 Punkte

a)	3	h)	27
b)	3	i)	56
c)	6	j)	15
d)	28	k)	42
e)	24	l)	40
f)	14	m)	49
g)	20	n)	30

A 2 14 Punkte

a)	36	h)	32
b)	40	i)	9
c)	72	j)	25
d)	8	k)	45
e)	12	l)	10
f)	54	m)	36
g)	24	n)	18

Test 35 – Das kleine Einmaleins

A 1 20 Punkte

a)	7	k)	7
b)	5	l)	2
c)	5	m)	1
d)	3	n)	9
e)	9	o)	9
f)	7	p)	4
g)	7	q)	8
h)	8	r)	9
i)	9	s)	8
j)	10	t)	9

Test 36 – Das kleine Einmaleins

A1 **49 Punkte**

·	3	4	5	6	7	8	9
4	12	16	20	24	28	32	36
3	9	12	15	18	21	24	27
5	15	20	25	30	35	40	45
9	27	36	45	54	63	72	81
7	21	28	35	42	49	56	63
8	24	32	40	48	56	64	72
6	18	24	30	36	42	48	54

Test 37 – Das große Einmaleins

A1 10 Punkte

a) 120 f) 48
b) 121 g) 76
c) 78 h) 90
d) 51 i) 38
e) 126 j) 96

A2 10 Punkte

a) 68 f) 119
b) 95 g) 64
c) 98 h) 84
d) 117 i) 48
e) 136 j) 85

Test 38 – Das große Einmaleins

A1 10 Punkte

a) 192   f) 76
b) 182   g) 96
c) 78   h) 68
d) 126   i) 224
e) 221   j) 95

A2 10 Punkte

a) 117   f) 104
b) 304   g) 288
c) 136   h) 323
d) 84   i) 255
e) 180   j) 144

Test 39 – Das große Einmaleins

A1 10 Punkte

a) 272   f) 210
b) 266   g) 221
c) 192   h) 224
d) 240   i) 304
e) 216   j) 196

A2 10 Punkte

a) 204   f) 288
b) 180   g) 323
c) 324   h) 380
d) 304   i) 289
e) 182   j) 255

Test 40 – Multiplikation mit Zehnerzahlen

A1 10 Punkte

a) 30   f) 80
b) 60   g) 80
c) 80   h) 100
d) 60   i) 90
e) 120   j) 80

A2 2 Punkte

a) 20 Autos
b) 400 Autos

A3 2 Punkte

7 Chips ohne Kreuz: 7 Punkte.
7 Chips mit Kreuz: 70 Punkte.
Insgesamt: 77 Punkte.

Test 41 – Multiplikation mit Zehnerzahlen

A1 10 Punkte

a) 240   f) 630
b) 180   g) 280
c) 200   h) 320
d) 180   i) 120
e) 350   j) 500

A2 2 Punkte

a) 2500 €
b) 75 000 €

A3 2 Punkte

8 Chips ohne Symbol: 8 Punkte.
6 Chips mit Kreuz: 60 Punkte.
5 Chips mit Dreieck: 500 Punkte.
Insgesamt: 568 Punkte.

Test 42 – Multiplikation mit Zehnerzahlen

A1 10 Punkte

a) 280

b) 390

c) 300

d) 400

e) 480

f) 850

g) 2200

h) 600

i) 720

j) 640

A2 2 Punkte

a) 3150 €

b) 21 000 €

A3 2 Punkte

13 Chips ohne Symbol: 13 Punkte.
10 Chips mit Kreuz: 100 Punkte.
7 Chips mit Dreieck: 700 Punkte.
Insgesamt: 813 Punkte.

Test 43 – Umkehraufgaben

A1 16 Punkte

a) 15
$15 : 5 = 3$

b) 28
$28 : 7 = 4$

c) 12
$12 : 2 = 6$

d) 36
$36 : 4 = 9$

e) 35
$35 : 7 = 5$

f) 12
$12 : 4 = 3$

g) 40
$40 : 8 = 5$

h) 63
$63 : 9 = 7$

A2 4 Punkte

a) 6

b) 7

c) 5

d) 7

Test 44 – Umkehraufgaben

A1 16 Punkte

a) 63
$63 : 7 = 9$

b) 80
$80 : 8 = 10$

c) 36
$36 : 3 = 12$

d) 68
$68 : 4 = 17$

e) 90
$90 : 18 = 5$

f) 57
$57 : 3 = 19$

g) 80
$80 : 16 = 5$

h) 42
$42 : 21 = 2$

A2 4 Punkte

a) 12

b) 4

c) 3

d) 5

Test 45 – Umkehraufgaben

A1 16 Punkte

a) 105
$105 : 7 = 15$

b) 112
$112 : 8 = 14$

c) 182
$182 : 13 = 14$

d) 238
$238 : 14 = 17$

e) 255
$255 : 17 = 15$

f) 380
$380 : 20 = 19$

g) 133
$133 : 19 = 7$

h) 210
$210 : 21 = 10$

A2 4 Punkte

a) 17

b) 17

c) 17

d) 21

Test 46 – Die schriftliche Multiplikation

A1 4 Punkte

1) c) 177
2) b) 82
3) b) 135
4) a) 520

A2 4 Punkte

a) 216 c) 343
b) 126 d) 465

A3 3 Punkte

a) 8316
b) 8084
c) 26 780

Test 47 – Die schriftliche Multiplikation

A1 6 Punkte

a) 28 536 d) 19 995
b) 5967 e) 41 366
c) 23 350 f) 5434

A2 3 Punkte

a) 15 922
b) 41 973
c) 53 204

A3 3 Punkte

a) 15 768
b) 4380
c) 16 302

Test 48 – Die schriftliche Multiplikation

A1 3 Punkte

a) 1 426 880
b) 3 655 792
c) 1 341 942

A2 2 Punkte

a) 1
b) 2

A3 2 Punkte

a) 64 750
b) 143 100

Test 49 – Die schriftliche Multiplikation

A1 4 Punkte

a) 84 c) 88
b) 75 d) 57

A2 12 Punkte

a) 198 g) 144
b) 354 h) 112
c) 470 i) 189
d) 134 j) 294
e) 297 k) 1400
f) 336 l) 232

A3 1 Punkt

744

Test 50 – Die schriftliche Multiplikation

A1 4 Punkte

a) 312

c) 294

b) 420

d) 576

A2 6 Punkte

a) 2982

d) 3246

b) 1152

e) 1356

c) 912

f) 544

A3 1 Punkt

1440 Minuten

Test 51 – Die schriftliche Multiplikation

A1 12 Punkte

a) 2704

g) 30 258

b) 10 584

h) 76 440

c) 11 835

i) 18 207

d) 14 850

j) 125 609

e) 26 884

k) 321 489

f) 9768

l) 91 356

A2 1 Punkt

525 600 Minuten

Test 52 – Die Division im Zahlenraum bis 100

A1 10 Punkte

a) 2

f) 3

b) 2

g) 4

c) 7

h) 8

d) 3

i) 7

e) 4

j) 12

A2 2 Punkte

60 : 3 = 20
Er benötigt 20 Minuten pro Fach.

A3 2 Punkte

200 : 4 = 50
Maike hat also 50 Pommes Frites auf ihrem Teller.

Test 53 – Die Division im Zahlenraum bis 100

A1 10 Punkte

a) 12

f) 9

b) 10

g) 4

c) 9

h) 32

d) 11

i) 8

e) 12

j) 3

A2 2 Punkte

60 : 30 = 2
Eine Karte kostet 2 €.

A3 2 Punkte

81 : 9 = 9
Jeder kann 9 Bohnen essen.

Test 54 – Die Division im Zahlenraum bis 100

A1 10 Punkte

a) 16   f) 4

b) 30   g) 5

c) 4   h) 5

d) 3   i) 5

e) 2   j) 2

A2 2 Punkte

84 : 12 = 7

Es sind 7 verschiedene Sorten.

A3 2 Punkte

96 : 6 = 16

Es bilden sich 16 Gruppen.

Test 55 – Division durch Zehnerzahlen

A1 2 Punkte

a) 2   c) 5

b) 1   d) 2

A2 2 Punkte

a) 1   c) 3

b) 9   d) 7

A3 2 Punkte

a) 2   c) 5

b) 2   d) 2

Test 56 – Division durch Zehnerzahlen

A1 4 Punkte

a) 5   c) 2

b) 9   d) 2

A2 4 Punkte

a) falsch; 4   c) falsch; 6

b) wahr   d) wahr

A3 4 Punkte

a) 3   c) 7

b) 10   d) 30

Test 57 – Division durch Zehnerzahlen

A1 4 Punkte

a) 8

c) 9

b) 5

d) 9

A2 4 Punkte

a) C

c) B/D

b) A

d) B/D

A3 4 Punkte

a) 80

c) 30

b) 60

d) 90

Test 58 – Umkehraufgaben

A1 4 Punkte

a) 5

c) 12

b) 8

d) 12

A2 5 Punkte

a)	2	3
b)	3	5
c)	5	10
d)	5	1
e)	5	4

Test 59 – Umkehraufgaben

A1 6 Punkte

a) 300 : 8 = 37   Rest: 4

b) 400 : 10 = 40   Rest: 0

c) 650 : 59 = 11   Rest: 1

d) 25 : 5 = 5   Rest: 0

e) 48 : 4 = 12   Rest: 0

f) 688 : 98 = 7   Rest: 2

A2 5 Punkte

a)	2	2
b)	2	2
c)	8	107
d)	6	1
e)	5	43

Test 60 – Umkehraufgaben

A1 6 Punkte

a) 800 : 88 = 9   Rest: 8

b) 900 : 90 = 10   Rest: 0

c) 1650 : 275 = 6   Rest: 0

d) 255 : 5 = 51   Rest: 0

e) 448 : 40 = 11   Rest: 8

f) 88 : 12 = 7   Rest: 4

A2 5 Punkte

a)	3	8
b)	5	9
c)	2	479
d)	6	10
e)	2	4

Test 61 – Die schriftliche Division

A1 6 Punkte

a) 27
b) 20
c) 18
d) 20
e) 40
f) 10

A2 6 Punkte

a) 9
b) 9
c) 23
d) 15
e) 100
f) 26

A3 1 Punkt

2 €

Test 62 – Die schriftliche Division

A1 6 Punkte

a) 77
b) 210
c) 182
d) 15
e) 40
f) 11

A2 6 Punkte

a) 9
b) 30
c) 69
d) 15
e) 112
f) 262

A3 1 Punkt

16 Tage

Test 63 – Die schriftliche Division

A1 6 Punkte

a) 288
b) 254
c) 471
d) 160
e) 59
f) 65

A2 6 Punkte

a) 118
b) 302
c) 134
d) 690
e) 10
f) 479

A3 1 Punkt

25 €

Test 64 – Die schriftliche Division

A1 4 Punkte

a) 9   c) 8

b) 6   d) 7

A2 4 Punkte

a) D   c) B

b) C   d) A

A3 1 Punkt

14 €

Test 65 – Die schriftliche Division

A1 4 Punkte

a) 43   c) 25

b) 47   d) 36

A2 4 Punkte

a) C   c) B

b) A   d) D

A3 1 Punkt

75

Test 66 – Die schriftliche Division

A1 4 Punkte

a) 34   c) 62

b) 27   d) 52

A2 4 Punkte

a) B   c) C

b) D   d) A

A3 1 Punkt

102

Test 67 – Die Division mit Rest bis 100

A1 7 Punkte

teilt, durch, Dividend, Geteilt, Divisor, Quotient, Rest

A2 6 Punkte

a) $5 : 2 = 2$ Rest: 1

b) $10 : 3 = 3$ Rest: 1

c) $21 : 8 = 2$ Rest: 5

d) $12 : 4 = 3$ Rest: 0

e) $50 : 8 = 6$ Rest: 2

f) $11 : 2 = 5$ Rest: 1

A3 2 Punkte

a) 3

b) 2

Test 68 – Die Division mit Rest bis 100

A1 4 Punkte

a) 33 : 8 = 4   Rest: 1

b) 50 : 7 = 7   Rest: 1

c) 71 : 6 = 11 Rest: 5

d) 51 : 4 = 12 Rest: 3

A2 6 Punkte

a) 7

b) 2

c)

Paula	8
Freundin 1	8
Freundin 2	7
Freundin 3	7

Test 69 – Die Division mit Rest bis 100

A1 5 Punkte

a) 56 : 9 = 6   Rest: 2

b) 87 : 5 = 17 Rest: 2

c) 99 : 8 = 12 Rest: 3

d) 73 : 7 = 10 Rest: 3

e) 67 : 3 = 22 Rest: 1

A2 4 Punkte

a) 83 : 7 = 11 Rest: 6

b) 83 : 6 = 13 Rest: 5

c) 83 : 3 = 27 Rest: 2

d) 83 : 4 = 20 Rest: 3

A3 1 Punkt

43 : 8 = 5 Rest: 3

Test 70 – Die Division mit Rest bis 100

A1 10 Punkte

a) 2, Rest: 2   f) 2, Rest: 3

b) 2, Rest: 5   g) 2, Rest: 3

c) 13, Rest: 1   h) 4, Rest: 1

d) 28, Rest: 0   i) 3, Rest: 7

e) 4, Rest: 2   j) 6, Rest: 1

A2 2 Punkte

a) 11

b) 4

Test 71 – Die Division mit Rest bis 100

A1 10 Punkte

a) 6, Rest: 2   f) 7, Rest: 7

b) 7, Rest: 3   g) 8, Rest: 1

c) 15, Rest: 1   h) 11, Rest: 0

d) 9, Rest: 1   i) 13, Rest: 1

e) 17, Rest: 2   j) 4, Rest: 4

A2 3 Punkte

a) 28

b) 1

c) 25

Test 72 – Die Division mit Rest bis 100

A1 10 Punkte

a) 11, Rest: 3

b) 15, Rest: 3

c) 10, Rest: 6

d) 7, Rest: 10

e) 6, Rest: 1

f) 6, Rest: 2

g) 2, Rest: 11

h) 6, Rest: 2

i) 8, Rest: 2

j) 20, Rest: 2

A2 3 Punkte

a) 18

b) 4

c) 23, Rest: 2

Test 73 – Punktrechnung vor Strichrechnung

A1 10 Punkte

a) $7 - 4 + 6 = 9$

b) $36 - 10 = 26$

c) $3 + 24 = 27$

d) $12 + 6 - 2 = 16$

e) $12 + 2 = 14$

f) $6 + 4 + 1 = 11$

g) $8 + 24 = 32$

h) $27 + 2 - 4 = 25$

i) $2 + 12 + 5 = 19$

j) $3 + 5 - 8 = 0$

A2 3 Punkte

a) $10 + 2 = 12$

b) $6 - 2 = 4$

c) $18 + 5 = 23$

Test 74 – Punktrechnung vor Strichrechnung

A1 12 Punkte

a) $3 \cdot 6 + 11 =$
$18 + 11 = 29$

b) $5 \cdot 2 - 4 - 4 =$
$10 - 4 - 4 = 2$

c) $6 - 5 = 1$

d) $2 + 12 = 14$

e) $4 + 3 - 6 = 1$

f) $36 + 4 = 40$

g) $30 + 1 = 31$

h) $28 + 9 + 9 = 46$

i) $18 + 8 - 12 = 14$

j) $40 - 10 + 5 = 35$

k) $12 - 10 = 2$

l) $24 - 9 \cdot 2 = 6$

A2 3 Punkte

a) $(5 + 12) + 6 = 17 + 6 = 23$

b) $8 + 3 + 4 = 15$

c) $5 + 25 = 30$

Test 75 – Punktrechnung vor Strichrechnung

A1 15 Punkte

a) 99

b) 69

c) 69

d) −1

e) 45

f) 0

g) 68

h) 69

i) 67

j) 17

k) 45

l) −2

m) 21

n) 0

o) 120

A2 3 Punkte

a) 88

b) 48

c) 99

Test 76 – Addition und Subtraktion

A 1 6 Punkte

a) 30   d) 35

b) 22   e) 47

c) 51   f) 207

A 2 5 Punkte

a) $80 + 7 + 20 + 2 + 10 + 5 = 124$

b) $60 + 4 + 40 + 8 = 112$

c) $12 - 2 - 6 = 4$

d) $30 + 50 + 3 + 20 + 6 = 109$

e) $77 - 7 - 2 = 68$

A 3 4 Punkte

a) $12 + 8$

b) $5 + 5$

c) $17 + 3$

d) erst $2 + 3$, danach $+ 5$ und dann $+ 14$

Test 77 – Addition und Subtraktion

A 1 5 Punkte

a) 60   d) 110

b) 70   e) 100

c) 110

A 2 6 Punkte

a) 35   d) 20

b) 25   e) 30

c) 85   f) 210

A 3 6 Punkte

a) 75   d) 28

b) 79   e) 46

c) 41   f) 21

Test 78 – Addition und Subtraktion

A 1 6 Punkte

a) mehr ausgegeben; 75 €

b) mehr eingenommen; 278 €

c) mehr eingenommen; 203 €

A 2 10 Punkte

a) $37 + 125 + 12 + 43 + 8 =$
$125 + 43 + 37 + 12 + 8 = 225$

b) $15 + 13 + 87 + 5 =$
$87 + 13 + 15 + 5 = 120$

c) $66 + 89 + 37 + 4 + 21 =$
$89 + 21 + 66 + 4 + 37 = 217$

d) $51 + 128 + 32 + 9 =$
$128 + 32 + 51 + 9 = 220$

e) $174 - 33 - 54 - 12 =$
$174 - 54 - 33 - 12 = 75$

Test 79 – Addition und Subtraktion

A1 **6 Punkte**

a) $34 + 53 = 87$

b) $14 + 53 - 21 = 46$

c) $22 - 13 = 9$

d) $68 + 32 - 50 = 50$

e) $47 + 57 = 104$

f) $30 - 12 + 40 = 58$

A2 **4 Punkte**

a)
	4	3	5			4	3	5
+	1	2	3		−	1	2	3
	3	1	2			3	1	2

b)
	3	2	1			3	2	1
−	4	3	6		+	4	3	6
	7	5	7			7	5	7

c)
	9	8	3			9	8	3
+	2	5	7		−	2	5	7
	7	2	6			7	2	6

d)
	4	6	7			4	6	7
−	5	1	2		+	5	1	2
	9	7	9			9	7	9

A3 **3 Punkte**

a) 169

b) 321

c) 903

Test 80 – Addition und Subtraktion

A1 **4 Punkte**

a) 68

b) 98

c) 67

d) 68

A2 **3 Punkte**

a)
	7	2	8			7	2	8
−	4	3	2		+	4	3	2
+		1	6		+		1	6
1	1	7	6		1	1	7	6

b)
	9	3	4			9	3	4
−	1	3	1		−	1	3	1
+	4	8	9		−	4	8	9
	3	1	4			3	1	4

c)
	3	2	1			3	2	1
−		7	3		+		7	3
−	8	1	0		+	8	1	0
1	2	0	4		1	2	0	4

A3 **1 Punkt**

13 Äpfel

Test 81 – Addition und Subtraktion

A1 3 Punkte

a) $(+12) - (+43) + (-54) - (-64) =$
$12 - 43 - 54 + 64 = -21$

b) $(-96) + (+42) - (-56) + (-73) =$
$-96 + 42 + 56 - 73 = -71$

c) $+ (+13) - (+56) + (-46) - (+75) + (+)26 =$
$13 - 56 - 46 - 75 + 26 = -138$

A2 8 Punkte

b) $354 - 265 - 32$

d) $-2443 - 656 + 3156$

e) $117 - 4 + 63 - 119$

h) $-5 + 78 - 4 - 58 + 46$

A3 3 Punkte

a) $5345 - 1675 = 3670$ Plastikbecher

b) $213 - 35 = 178$ kg (2004)
$178 + 178 = 356$ kg (2034)

Test 82 – Multiplikation und Division

A1 10 Punkte

Multiplikation, Division, Multiplikation, Division, Division, links, rechts, 4, 4, 2

A2 3 Punkte

a) 3 €

b) 4,20 €

c) 4,90 €

A3 5 Punkte

a) 9   **d)** 3

b) 2   **e)** 1

c) 2

Test 83 – Multiplikation und Division

A1 7 Punkte

a) falsch; 10   **e)** falsch; 3

b) richtig   **f)** falsch; 10

c) richtig   **g)** falsch; 7

d) falsch; 2

A2 1 Punkt

150

A3 3 Punkte

a) 42

b) 50

c) 60

Test 84 – Multiplikation und Division

A1 6 Punkte

a) 600

b) 450

c) 6000

d) 3400

e) 64

f) 2

A2 6 Punkte

a) 180

b) 490

c) 2100

d) 84

e) 672

f) 480

A3 2 Punkte

a) 12 €

b) 0,80 €

Test 85 – Multiplikation und Division

A1 11 Punkte

a) 30

b) 9

c) 1

d) 36

e) 56

f) −35

g) 8

h) −16

i) −6

j) 9

k) −27

A2 2 Punkte

a) −8

b) 9

A3 2 Punkte

a)
```
  2 0 0 : 8 = 2 5
− 1 6
    4 0
  − 4 0
      0
```

b)
```
  2 7 2 : 8 = 3 4
− 2 4
    3 2
  − 3 2
      0
```

Test 86 – Multiplikation und Division

A1 8 Punkte

a) $= (-6) \cdot 7$
    $= (-42)$

c) $= 96 : (-6)$
    $= (-16)$

b) $= (-125) : (-5)$
    $= 25$

d) $= 66 \cdot (-4)$
    $= (-264)$

A2 12 Punkte

a) $144 : 3 + 24$ und $2 \cdot 4 \cdot 9$

b) $22,5 \cdot 2 : 15$ und $17 \cdot 6 : 34$

c) $70 : 5 \cdot 3$ und $21 \cdot 8 : 4$

d) $8 \cdot 8 : 4$

A3 6 Punkte

	8	5	6	1	:	7	=	1	2	2	3		
−	7												
	1	5											
−	1	4					P	R	O	B	E	:	
		1	6										
	−	1	4				1	2	2	3	·	7	
			2	1					8	5	6	1	
		−	2	1					8	5	6	1	
				0									

Test 87 – Multiplikation und Division

A1 4 Punkte

a) -66

b) 1

c) -39

d) 33

A2 14 Punkte

a) $180 - 64 : 2 + (-34) \cdot 2 = 80$

b) $65 - (-15) \cdot 4 : 2 = 95$

c) $-48 : 12 + (-40) \cdot 2 + 14 = -70$

d) $431 - 350 : 3 \cdot (-6) = 1131$

A3 16 Punkte

a)

	5	1	4	8	:	2	2	=	2	3	4		
−	0												
	5	1											
−	4	4					P	R	O	B	E	:	
		7	4										
	−	6	6					2	3	4	·	2	2
			8	8						4	6	8	
		−	8	8						4	6	8	
				0					5	1	4	8	

b)

	1	8	2	5	:	2	5	=	7	3		
−	0											
	1	8										
−		0				P	R	O	B	E	:	
	1	8	2									
−	1	7	5						7	3	·	2	5
			7	5						1	4	6
		−	7	5						3	6	5
				0					1	8	2	5

Test 88 – Vermischte Aufgaben

A1 **7 Punkte**

Punkt, Strich, Multiplikation, Division, Addition, Subtraktion, Punkt-vor-Strich

A2 **8 Punkte**

a) 0

b) 55

c) 1

d) 23

e) 8

f) 26

g) 48

h) 7

A3 **3 Punkte**

a) 1,70 €

b) 3,30 €

c) 2,90 €

Test 89 – Vermischte Aufgaben

A1 **4 Punkte**

a) 685

b) 187

c) 798

d) −237

A2 **4 Punkte**

a) Rechnung 1, Rechnung 2

b) Rechnung 1

c) Rechnung 1, Rechnung 2

d) Beides falsch

A3 **4 Punkte**

a) 19

b) Probe zu **a)**

c) 245

d) Probe zu **c)**

1	9	·	1	9	
		1	9		
		1	7	1	
		3	6	1	

2	4	5	·	3	
		7	3	5	
		7	3	5	

Test 90 – Vermischte Aufgaben

A1 **1 Punkt**

56 km

A2 **4 Punkte**

a) 319

b) −121

c) 499

d) −66

A3 **4 Punkte**

a) 9108

b) Probe zu **a)**

c) 3012

d) Probe zu **c)**

9	1	0	8	·	9
	8	1	9	7	2
	8	1	9	7	2

3	0	1	2	·	6
	1	8	0	7	2
	1	8	0	7	2

Test 91 – Runden auf Zehner

A1 **6 Punkte**

a) 50

b) 70

c) 80

d) 30

e) 90

f) 10

A2 **6 Punkte**

a) wahr

b) falsch

c) wahr

d) wahr

e) falsch

f) falsch

A3 **6 Punkte**

a) wahr

b) wahr

c) falsch; 80

d) falsch; 60

e) wahr

f) falsch; 40

Test 92 – Runden auf Zehner

A1 6 Punkte

a) 60

b) 80

c) 90

d) 60

e) 80

f) 10

A2 6 Punkte

a) falsch

b) wahr

c) falsch

d) falsch

e) wahr

f) falsch

A3 6 Punkte

a) falsch; 80

b) falsch; 80

c) wahr

d) falsch; 60

e) falsch; 70

f) wahr

Test 93 – Runden auf Zehner

A1 6 Punkte

a) 90

b) 90

c) 50

d) 60

e) 90

f) 20

A2 6 Punkte

a) 80; 90; Rundung: 90

b) 40; 50; Rundung: 40

c) 70; 80; Rundung: 80

d) 40; 50; Rundung: 50

e) 30; 40; Rundung: 40

f) 60; 70; Rundung: 70

A3 6 Punkte

a) wahr

b) wahr

c) falsch; 60

d) wahr

e) falsch; 40

f) falsch; 70

Test 94 – Runden auf Hunderter

A1 11 Punkte

Zehner; 1, 2, 3 oder 4; abgerundet; 5; aufgerundet; Hunderter; Zehner; 7; größer; aufgerundet; 900

A2 12 Punkte

a) 600

b) 100

c) 500

d) 500

e) 600

f) 500

g) 900

h) 700

i) 500

j) 800

k) 1000

l) 300

A3 6 Punkte

a) 270, 333, 315

b) 501, 520, 499, 471

c) 213, 204, 197

d) 809, 779, 763

e) 600, 580

f) 300, 279, 284

Test 95 – Runden auf Hunderter

A1 12 Punkte

a) 6800
b) 7900
c) 3200
d) 7500
e) 7800
f) 35 600

g) 5500
h) 2700
i) 2200
j) 6900
k) 2100
l) 4000

A2 8 Punkte

a) 8455 → 8500, Differenz: 45
b) 5673 → 5700, Differenz: 27
c) 2345 → 2300, Differenz: 45
d) 7628 → 7600, Differenz: 28
e) 5556 → 5600, Differenz: 44
f) 3947 → 3900, Differenz: 47
g) 4768 → 4800, Differenz: 32
h) 9962 → 10 000, Differenz: 38

A3 5 Punkte

a) falsch; 4500
b) falsch; 8900
c) wahr
d) falsch; 2100
e) wahr

Test 96 – Runden auf Hunderter

A1 10 Punkte

	Gerundete Zahl	Kleinst-möglich	Größt-möglich
a)	5700	5650	5749
b)	8900	8850	8949
c)	4000	3950	4049
d)	3300	3250	3349
e)	2100	2050	2149

A2 12 Punkte

a) 68 305 → 68 300
b) 91 385 → 91 400
c) 99 999 → 100 000
d) 94 931 → 94 900
e) 17 648 → 17 600
f) 265 950 → 266 000
g) 74 920 → 74 900
h) 37 390 → 37 400
i) 70 000 → 70 000
j) 274 941 → 274 900
k) 38 205 → 38 200
l) 75 992 → 76 000

A3 3 Punkte

a) 7839; 7777
b) 4999
c) 9999; 10 045

Test 97 – Runden auf Tausender

A1 6 Punkte

a) 5000   d) 3000

b) 7000   e) 9000

c) 8000   f) 1000

A2 6 Punkte

a) wahr   d) wahr

b) falsch   e) falsch

c) wahr   f) falsch

A3 6 Punkte

a) wahr   d) falsch; 6000

b) wahr   e) wahr

c) falsch; 8000   f) falsch; 4000

Test 98 – Runden auf Tausender

A1 6 Punkte

a) 6000   d) 6000

b) 8000   e) 8000

c) 9000   f) 1000

A2 6 Punkte

a) falsch   d) falsch

b) wahr   e) wahr

c) falsch   f) falsch

A3 6 Punkte

a) falsch; 8000   d) falsch; 6000

b) wahr   e) wahr

c) falsch; 9000   f) falsch; 8000

Test 99 – Runden auf Tausender

A1 6 Punkte

a) 9000   d) 6000

b) 9000   e) 9000

c) 5000   f) 2000

A2 6 Punkte

a) 8000; 9000; Rundung: 9000

b) 4000; 5000; Rundung: 4000

c) 7000; 8000; Rundung: 8000

d) 4000; 5000; Rundung: 5000

e) 3000; 4000; Rundung: 4000

f) 6000; 7000; Rundung: 7000

A3 6 Punkte

a) wahr   d) wahr

b) wahr   e) falsch; 4000

c) falsch; 6000   f) falsch; 7000

Test 100 – Zeiteinheiten umformen

A1 5 Punkte

a) 7 Tage   d) 60 Sekunden

b) 24 Stunden   e) 3600 Sekunden

c) 60 Minuten

A2 5 Punkte

a) Minuten (min)

b) Stunden (h)

c) Minuten (min)

d) Minuten (min)

e) Minuten (min); Sekunden (s)

A3 5 Punkte

a) =

d) =

b) >

e) >

c) <

Test 101 – Zeiteinheiten umformen

A1 4 Punkte

a) 0

c) 8

b) 5

d) 10

A2 1 Punkt

4 Tage

A3 10 Punkte

a)	2 h	120 min
b)	1 h	60 min
c)	3 h	180 min
d)	4 h	240 min
e)	½ h	30 min
f)	1 ¼ h	75 min
g)	1 ½ h	90 min
h)	10 h	600 min
i)	6 h	360 min
j)	24 h	1440 min

Test 102 – Zeiteinheiten umformen

A1 4 Punkte

a) 8

c) 3

b) 0

d) 35

A2 5 Punkte

a) 1

d) 1

b) 2

e) 2

c) 2

A3 6 Punkte

	Vor 5 Stunden	Jetzt	In 4 Stunden
a)	11 Uhr	16 Uhr	20 Uhr
b)	9 Uhr	14 Uhr	18 Uhr
c)	16 Uhr	21 Uhr	1 Uhr
d)	20 Uhr	1 Uhr	5 Uhr
e)	0 Uhr	5 Uhr	9 Uhr
f)	3 Uhr	8 Uhr	12 Uhr

Test 103 – Addieren und Subtrahieren von Uhrzeiten

A1 10 Punkte

Beginn	8 Uhr	10 Uhr	11 Uhr	14 Uhr	21 Uhr
Ende	12 Uhr	17 Uhr	18 Uhr	21 Uhr	1 Uhr
Dauer	4 h	7 h	7 h	7 h	4 h

Beginn	13 Uhr	22 Uhr	2 Uhr	9 Uhr	12 Uhr
Ende	18 Uhr	5 Uhr	24 Uhr / 0 Uhr	14 Uhr	15 Uhr
Dauer	5 h	7 h	22 h	5 h	3 h

A2 4 Punkte

a) 45 min   c) 5 min

b) 15 min   d) 43 min

A3 5 Punkte

a) 30 min   d) 55 min

b) 15 min   e) 20 min

c) 40 min

Test 104 – Addieren und Subtrahieren von Uhrzeiten

A1 10 Punkte

Beginn	7 Uhr	4 Uhr	9.30 Uhr	8.15 Uhr	14.45 Uhr
Ende	24 Uhr	15.30 Uhr	17.30 Uhr	15.45 Uhr	21 Uhr
Dauer	17 h	11 h 30 min	8 h	7 h 30 min	6 h 15 min

Beginn	11 Uhr	20 Uhr	1.15 Uhr	6.10 Uhr	5.45 Uhr
Ende	15.45 Uhr	1.15 Uhr	13.45 Uhr	17 Uhr	9.30 Uhr
Dauer	4 h 45 min	5 h 15 min	12 h 30 min	10 h 50 min	3 h 45 min

A2 4 Punkte

a) 42 min

c) 35 min

b) 20 min

d) 1 min

A3 1 Punkt

Sie brauchen 20 Minuten für den Weg

Test 105 – Addieren und Subtrahieren von Uhrzeiten

A1 4 Punkte

a) 37 min

c) 9 min

b) 11 min

d) 57 min

A2 1 Punkt

Sie brauchen 25 Minuten von Chris Zuhause bis zu ihren Plätzen.

A3 3 Punkte

a) Spätestens um 14.25 Uhr.

b) Ihr bleibt 1 h 55 min.

c) Sie bleibt 3 h 15 min.

Test 106 – Addieren und Subtrahieren von Uhrzeiten

A1 20 Punkte

a) 60 min

k) 60 s

b) 120 min

l) 120 s

c) 180 min

m) 180 s

d) 240 min

n) 240 s

e) 300 min

o) 300 s

f) 360 min

p) 360 s

g) 600 min

q) 600 s

h) 30 min

r) 30 s

i) 720 min

s) 1200 s

j) 15 min

t) 2280 s

A2 5 Punkte

a) 2700

d) 360

b) 120

e) 780

c) 240

Test 107 – Addieren und Subtrahieren von Uhrzeiten

A1 9 Punkte

a) 1800 s
b) 3600 s
c) 1800 s
d) 28 800 s
e) 900 s
f) 7200 s
g) 86 400 s
h) 43 200 s
i) 600 s

A2 8 Punkte

a) 22:45 Uhr
b) 01:30 Uhr
c) 17:45 Uhr
d) 01:00 Uhr
e) 12:00 Uhr
f) 14:45 Uhr
g) 07:00 Uhr
h) 14:15 Uhr

A3 10 Punkte

a) 180 min
b) 300 min
c) 270 min
d) 360 min
e) 600 min
f) 310 min
g) 140 min
h) 60 min
i) 120 min
j) 60 min

Test 108 – Addieren und Subtrahieren von Uhrzeiten

A1 8 Punkte

a) 11:50 Uhr
b) 11:45 Uhr
c) 04:00 Uhr
d) 11:15 Uhr
e) 22:10 Uhr
f) 22:05 Uhr
g) 14:20 Uhr
h) 21:35 Uhr

A2 10 Punkte

a) 330 min
b) 900 min
c) 555 min
d) 765 min
e) 365 min
f) 420 min
g) 231 min
h) 585 min
i) 230 min
j) 245 min

A3 10 Punkte

a) 120 min
b) 75 min
c) 60 min
d) 30 min
e) 345 min
f) 75 min
g) 570 min
h) 60 min
i) 0 min
j) 30 min

Test 109 – Sachaufgaben zu Uhrzeiten

A 1 3 Punkte

a) 180 Minuten

b) 18:30 Uhr

c) 15:15 Uhr

A 2 3 Punkte

a) 35 Minuten

b) 2 leichte Aufgaben

c) 11:20 Uhr

Test 110 – Sachaufgaben zu Uhrzeiten

A 1 3 Punkte

a) 07:31 Uhr

b) Elf Minuten

c) 27. Februar

A 2 3 Punkte

a) 320 Minuten

b) 14:05 Uhr

c) 14:25 Uhr

Test 111 – Sachaufgaben zu Uhrzeiten

A 1 3 Punkte

a) 08:00 Uhr

b) 6:55 Uhr

c) 110 Minuten

A 2 3 Punkte

a) 14:15 Uhr

b) 13:25 Uhr

c) 12:15 Uhr

Test 112 – Abschlusstest

A1 10 Punkte

+	2379	428	3624	928	19
503	2882	931	4127	1431	522
4528	6907	4956	8152	5456	4547

A2 3 Punkte

a) falsch; 140

b) richtig

c) falsch; 439

A3 4 Punkte

a) 425 Kartoffeln

b) 212 Kühe

c) 492 Liter Benzin

d) 139 Eimer Farbe

A4 6 Punkte

a) 10 440

b) 37 082

c) 45 704

d) 46 941

e) 44 132

f) 25 102

A5 4 Punkte

a) 4680

b) 34 944

c) 19 110

d) 38 786

A6 2 Punkte

a) 8316 €

b) 5840 km

A7 4 Punkte

a) 432

b) 318

c) 205

d) 237

A8 2 Punkte

a) 79 €

b) 118 Kekse

A9 5 Punkte

a) 16 699

b) 1673

c) 9090

d) 606

e) 500

A10 1 Punkt

22 Kleidungsstücke liegen dann im Wäschekorb.

Das Original. Seit 1974.

Gutschein

für 2 kostenlose Nachhilfestunden*

✓ Motivierte und erfahrene Nachhilfelehrer

✓ Regelmäßiger Austausch mit den Eltern

✓ Individuelles Eingehen auf die Bedürfnisse der Kinder und Jugendlichen

Jetzt Termin sichern!

Bitte hier ausfüllen

und in der nächstgelegenen Schülerhilfe vor Ort abgeben.
Weitere Infos über die Schülerhilfe unter www.schuelerhilfe.de.

Vorname

Name

PLZ

Ort

Straße

Geburtsdatum

Telefon

E-Mail